广西弄岗喀斯特植被恢复过程中植物、凋落物和土壤的生态化学计量特征研究

胡 刚 张忠华 李 蕾 著

西南大学出版社

国家一级出版社 全国百佳图书出版单位

图书在版编目(CIP)数据

广西弄岗喀斯特植被恢复过程中植物、凋落物和土壤的生态化学计量特征研究 / 胡刚, 张忠华, 李蕾著. -- 重庆 : 西南大学出版社, 2024. 11. -- ISBN 978-7-5697-2662-6

Ⅰ. Q948.526.7

中国国家版本馆CIP数据核字第2024D0P808号

广西弄岗喀斯特植被恢复过程中植物、凋落物和土壤的生态化学计量特征研究
GUANGXI NONGGANG KASITE ZHIBEI HUIFU GUOCHENG ZHONG ZHIWU、DIAOLUOWU HE TURANG DE SHENGTAI HUAXUE JILIANG TEZHENG YANJIU

胡刚　张忠华　李蕾　著

责任编辑：杜珍辉
责任校对：秦　俭
特约校对：蒋云琪
装帧设计：汤　立
照　　排：吕书田
出版发行：西南大学出版社(原西南师范大学出版社)
　　　　　网　址:http://www.xdcbs.com
　　　　　地　址:重庆市北碚区天生路2号
　　　　　邮　编:400715
经　　销：新华书店
印　　刷：重庆正文印务有限公司
成品尺寸：170 mm × 240 mm
印　　张：9.75
插　　页：8
字　　数：210千字
版　　次：2024年11月　第1版
印　　次：2024年11月　第1次印刷
书　　号：ISBN 978-7-5697-2662-6
定　　价：48.00元

前 言

生态化学计量学(Ecological stoichiometry)结合了生态学、生物学和化学的原理,是研究生物系统能量平衡和多重化学元素平衡的科学,为研究碳、氮、磷等元素在生态系统过程中的耦合关系提供了一种综合方法,是当前生态学领域的研究热点之一。碳为细胞的骨架元素,氮和磷是植物最基本的营养元素,是陆地生态系统的主要限制性元素,在植物生长发育过程中发挥重要作用,并且会影响植物碳固定。碳、氮、磷在生态系统能量和物质循环及多重元素平衡中发挥着重要指示作用。植物、凋落物和土壤的化学计量特征是植物营养限制和环境变化响应中关键的指标,研究植物、凋落物和土壤碳、氮、磷养分的动态平衡,有助于深入理解生态系统物质循环过程及其影响机制。

喀斯特地貌是世界上广泛分布的一种地质景观类型。我国西南地区有碳酸岩出露面积约51万 km^2,其中贵州、云南和广西三个省份是最为典型的集中连片区域。喀斯特生态系统具有土层浅薄、土被不连续、水土易于流失、树木不易定植等生态脆弱特性,加上持续的人为干扰和资源的不合理利用,生态系统退化和石漠化等问题较为突出。环境退化会严重影响人类生存和社会经济的可持续发展。自20世纪80年代中期一系列环境保护措施实施后,西南喀斯特地区人为干扰逐步减少,植被得到缓慢恢复。植被恢复是控制土壤侵蚀、应对生态退化、提高环境质量以及实现生态系统可持续性的有效措施。理解喀斯特植被恢复过程中植物、凋落物和土壤的养分循环过程,对于改善生态功能以及为退化生态系统的重建和修复提供指导具有重要意义。

本书以广西弄岗国家级自然保护区及其周边处于不同恢复阶段的草丛、灌丛、次生林和原生林为研究对象,在进行样地调查的基础上测定了植物、凋落物和土壤的性质以及多种环境指标,探究了北热带喀斯特植被恢复过程中植物器官间碳、氮、磷含量及其化学计量特征,检验了植物器官的养分分配策略以及化学计量的内稳性。同时,解析了不同恢复阶段植物-凋落物-土壤连续体的碳、氮、磷化学计量特征及其影响因素,揭示了土壤微生物生物量碳、氮、磷含量和四种胞外酶活性的化学计量特征,同时分析了植被恢复过程中根际土和细根生态化学计量特征对季节性干旱的响应规律。研究结果有助于深入理解喀斯特植被恢复过程中植物、凋落物和土壤之间的养分循环和植物的适应策略，为喀斯特退化生态系统恢复与重建提供科学依据。

  本书的出版得到了广西自然科学基金项目（2021GXNSFAA196024；2021GXNSFFA196005）、国家自然科学基金项目（31960275）、广西八桂青年拔尖人才培养项目以及广西地理学一流学科建设经费等的共同资助。北部湾环境演变与资源利用教育部重点实验室、广西地表过程与智能模拟重点实验室、广西山地生态系统动植物进化与保护重点实验室（南宁师范大学）为本研究提供了实验场所和设备保障。特别感谢南宁师范大学地理与海洋研究院胡宝清院长（教授）对本研究工作的长期支持并提出了宝贵的建议。广西弄岗国家级自然保护区管理中心王爱龙主任、刘晟源副主任、龙继凤科长等在野外调查工作中提供了重要支持；南宁师范大学胡聪副教授、徐超昊博士、钟朝芳博士以及硕士研究生张贝、黄侉侉、庞庆玲、何业涌、付瑞玉等参与了实验工作，在此一并致谢。由于作者水平有限，书中难免存在疏漏之处，恳请读者提出宝贵的意见和建议。

胡刚
2024 年 3 月 1 日

目录

第一章 绪论
　1.1 研究背景与意义 ……………………………………002
　1.2 生态化学计量学研究进展 ………………………004
　1.3 本研究的选题依据 ………………………………012

第二章 研究区概况与研究方法
　2.1 研究区概况 …………………………………………016
　2.2 研究方法 ……………………………………………020

第三章 植被恢复过程中植物器官的生态化学计量及其内稳性特征
　3.1 引言 …………………………………………………028
　3.2 研究方法 ……………………………………………029
　3.3 研究结果 ……………………………………………029
　3.4 讨论 …………………………………………………045

第四章 植被恢复过程中植物叶片-凋落物-土壤连续体的生态化学计量特征
　4.1 引言 …………………………………………………054
　4.2 研究方法 ……………………………………………055

4.3 研究结果 ·· 056

4.4 讨论 ·· 068

第五章 植被恢复过程中不同土壤深度胞外酶活性和微生物量碳氮磷的生态化学计量特征

5.1 引言 ·· 076

5.2 研究方法 ·· 077

5.3 研究结果 ·· 077

5.4 讨论 ·· 091

第六章 植被恢复过程中根际土和细根生态化学计量特征对季节性干旱的响应

6.1 引言 ·· 098

6.2 研究方法 ·· 100

6.3 研究结果 ·· 100

6.4 讨论 ·· 108

第七章 结论与展望

7.1 结论 ·· 116

7.2 展望 ·· 118

参考文献

附录：彩图部分

CHAPTER
1

第一章

绪论

1.1 研究背景与意义

生态化学计量学(Ecological stoichiometry)是一门研究生态交互过程中多种化学元素以及能量平衡的学科(Elser et al., 2000a; Sterner & Elser, 2002)。它不仅将生态学、生物学、化学、计量学等学科的基本原理结合起来,还涵盖了生物进化的自然选择原理、热力学第一定律和分子生物学中心法则等理论,使生物分子、细胞、有机体、种群、群落、生态系统等不同尺度的理论能够有机地统一起来(王绍强和于贵瑞, 2008; 贺金生和韩兴国, 2010; 田地等, 2018; Sardans et al., 2021; Liu et al., 2023)。生物体是由化学元素组成的,生态系统中不同生物体的交互作用涉及化学元素的重组(Elser, 2006; Wang et al., 2022)。植物、凋落物和土壤彼此相互作用,是生态系统中重要的组成部分。植物通过叶片光合作用积累有机物质,并通过微生物分解凋落物来释放植物中的养分(王维奇等, 2011; 曾昭霞等, 2015)。凋落物在土壤和植物之间起着物质和能量交换的关键作用,是生态系统中养分和有机碳的储存库(Chen et al., 2022)。土壤作为植物的生存基质,为植物的生长发育提供养分和水分。植物对养分的需求量、凋落物分解过程中养分的归还量以及土壤养分供应量之间相互影响,导致植物、凋落物和土壤连续体的养分含量在时空上存在显著差异(McGroddy et al., 2004; Zhou et al., 2020)。因此,研究植物、凋落物和土壤的生态化学计量特征及其相互关系可以揭示生态系统中养分循环规律和不同生态系统之间的养分平衡特征。

植被作为陆地生态系统的重要组成部分,通过植物的输入,吸收大气中的CO_2,并将碳(C)转化进土壤中。与此同时,植被也通过凋落物分解和土壤呼吸释放CO_2(Dixon et al., 1994)。土壤中C、氮(N)和磷(P)含量及其化学计量特征是土壤有机物组成和土壤质量的重要指标,对土壤生物地球化学循环具有重要意义。土壤有机物分解释放的CO_2是陆地生态系统与大气之间最大的气体交换通量之一(Schimel et al., 2001)。准确评估土壤有机物分解对于预测土壤碳库变化和对全球气候变化的反馈至关重要。土壤中 N 和 P 的有效性在一定程度上决定了陆地生态系统的净初级生产力(Vitousek & Howarth, 1991),因为 N 和 P 是植物生长所必需的矿物元素。同时,N 和 P 化学计量特征不仅直接影响养分元素循环,还影响生态系统中 C 的积累(Giardina & Ryan, 2000)。因此,土壤化学计量学可以用作反映土壤养分循环和植物养分供应的指标。近年来,生态系统中 C、N、P 化学计量学得到了广泛研究。例如,物种组成和养分循环研究,生态系统限制性元素分析(Jing et al., 2020),凋落物和土壤生物之间相互作用(Kim, 2019)分析,以及与分解和养分循环相关的土壤胞外酶生化过程研究(Meng et al., 2020)。

我国西南喀斯特地区是全球最大的喀斯特分布区之一,占地超过 50 万 km^2,岩溶作用非常显著,在全球喀斯特生态系统中具有重要地位(郭柯等,2011;王克林等,2019)。由于生境脆弱以及人类活动的强烈干扰,喀斯特生境中的植物生长缓慢,导致不同植被退化阶段共存(文丽等,2015)。虽然喀斯特地区的土壤相对肥沃,但由于土层较浅,总体养分含量较低。加上过度开垦和种植,水土流失严重,导致生态系统内部营养元素的循环速度和规模发生改变(李胜平和王克林,2016;Huang et al., 2019)。喀斯特植被作为喀斯特生态系统的结构与功能的维持者,其生态化学计量特征与养分循环机制是生物地理学和生态学关注的重点内容(曾昭霞等,2015;Su et al., 2019)。在喀斯特地区,凋落物通过淋溶和分解作用析出的养分主要集中在土壤的表层,N、P 等营养成分很容易随着表层土的流失而损失,而土壤养分的缺乏会进一步限制植物的生长(张伟等,2013)。尽管对我国西南喀斯特生态系统化学计量特征已开展一定研究,但这些研究多集中在中亚热带的喀斯特地区(Wang et al., 2018a;Yu et al., 2019),对喀斯特植被恢复过程中的生态化学计量特征及其驱动因素研究仍然缺乏,对我国北热带喀斯特植被的生态化学计量学研究几乎空白。目前为止,对北热带喀斯特植物器官的生态化学计量格局及其分配策略,植被恢复过程中植物、凋落物和土壤的生态化学计量特征变化及其驱动机制等方面仍然知之甚少。解析上述问题将有助于深入理解喀斯特植物恢复过程中生态系统各组分(植物、凋落物、土壤)之间的养分循环和植物的适应策略,为脆弱的喀斯特植被生态功能恢复和重建提供科学依据。

1.2 生态化学计量学研究进展

1.2.1 生态化学计量学的发展历程

Stoichiometry一词意为测量元素的科学,由希腊词汇衍生而来。最早应用的化学计量理论为1862年诞生的最小量定律(Liebig's law of the minimum)(Liu et al.,2014)。此外,1925年发展出的多个生态学基础理论,包括最佳取食(Optimal foraging)(Belovsky,1978),资源比理论(Resource-ratio theory)和养分利用效率等(Tilman,1982)等均为生态化学计量学的发展奠定了基础。Redfield发现了浮游生物中C:N:P比例近乎恒定,即106:16:1(Sterner & Elser,2002)。此后,生态学者通过大量研究使生态化学计量理论得到进一步发展。2002年,著作《生态化学计量:从分子到生物圈的元素》的问世进一步完善了生态化学计量学理论(Sterner & Elser,2002)。当前,生态化学计量学已经成为一门较系统的科学,通过生态系统中化学元素间的计量关系,指征生态系统不同组分及尺度的物质循环、能量流动和平衡状况。它不仅是一种理解生态系统的重要方式,更是从元素比例的角度有效探讨不同尺度生态学问题的重要工具。生态化学计量学的研究对象已涵盖陆地、海洋和淡水生态系统中的植物、动物和微生物(曾德慧和陈广生,2005)。随着技术的进步以及数据共享能力的提升,生态化学计量学研究涵盖了分子、细胞、器官、个体(物种)、群落、生态系统、区域和全球等不同尺度(Tian et al.,2017;Tang et al.,2018a)(图1-1)。大多数关于陆地生态系统中C、N和P的化学计量研究多关注器官水平,仅部分开展植物群落和生态系统水平上的研究(Zhang et al. 2017)。当下,生态化学计量学研究已成为生态学研究的热点问题之一,相关成果陆续发表在诸多重要刊物上(Sperfeld et al.,2017;Meunier et al.,2017;Ren et al.,2019;Isles,2020;Li et al.,2020;Liu et al.,2023)。

21世纪初,我国生态学者利用大量陆生植物数据研究了陆地生态系统中C、N、P、硫(S)等生命基本元素的耦合关系,推动了我国植物化学计量学的研究(Han et al.,2005)。尽管我国生态化学计量学的研究起步较晚,但我国拥有广阔的地域、复杂的地貌和丰富的生物资源,近几十年来相关研究得到了快速发展,许多学者从不同层次和不同尺度(细胞、个体、种群、群落、生态系统等)上探究了生态化学计量学特征及影响机制,为我国生态化学计量学的发展提供了一定的理论基础(王绍强和于贵瑞,2008;贺金生和韩兴国,2010;程滨等,2010)。目前,国内有关生态化学计量学的研究在生态系统(水域、陆地)、区域尺度(温带、热带和亚热带)、物种类型(草本、灌木、乔木)等方面取得可喜成果(高三平等,2007;阎恩荣等,2008;吴统贵等,2010;Han et al.,2011;卢同平等,2016;张萍等,2018;杨文高等,2019;李兆光等,2023)。

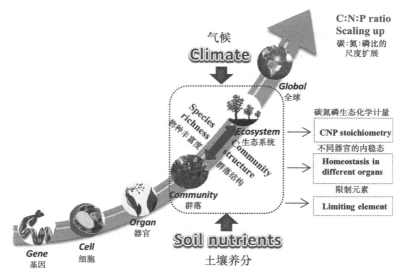

图1-1　生态化学计量学的理论框架和关键科学问题(图片引自Zhang et al. 2018a)

Fig. 1-1　Theoretical framework of ecological stoichiometry and the key scientific issues (This image is sourced from Zhang et al. 2018a)

1.2.2 植物器官的C、N、P化学计量特征

C、N和P是植物的基本养分元素,在植物生长和各种生理调节机能中扮演着重要角色。C是构成植物体内干物质的主要元素,而N和P分别与植物的光合作用和细胞分裂等关键生理活动密切相关(Niklas et al.,2005)。植物通过调

整不同组织器官的营养元素水平和变化来适应环境变化,这是一种生长速率调节策略。例如,相对于湿润区的植物,生长在干旱区的植物通常具有更高的单位面积(或质量)叶片 N 和 P 含量(Wright et al.,2004)。地下部分的植物根系通常比地上部分的叶片具有更低的 N 和 P 含量,但是它们的 N:P 化学计量比相似(Yuan et al.,2011)。C:N 比和 C:P 比与植物的相对生长率关系密切(Agren,2008),N:P 比则可反映植物生长受 N 或 P 的限制情况(Güsewell,2004)。植物叶片、细根、花和果实等是植物代谢非常活跃的器官,而枝、茎干和主根则是植物的基本结构支撑和养分储存器官。这些器官之间的 N、P 计量关系密切相关(Craine et al.,2005),但 N、P 计量关系的关键还取决于各个器官的生长特性和功能属性。通常,植物繁殖器官的 N、P 含量较高且 N:P 比相对稳定;而其他器官 N、P 含量较低,但 N:P 比变化较大。对于高大的木本植物,它们的生长速度较慢,茎干和主根的生物量比重大,需要储存大量的水分和养分以供给植物的叶片使用。在这种情况下,水分对养分的稀释作用导致茎干和根部的 N、P 浓度低于叶片和繁殖器官(Minden & Kleyer,2016)。不同植物器官的 N、P 计量关系在不同生活型植物和不同纬度梯度上的变化规律与叶片类似(Zhao et al.,2016),这体现了植物各器官在进化过程中适应环境的协同性。当植物在不同器官之间进行养分分配时,通常会优先将大量的营养元素传输到叶片,以确保植物的生产功能的稳定(刘超等,2012;Schreeg et al.,2014)。相关研究表明,植物的茎、根和老叶的 N 和 P 比值变异较大,而新鲜叶片的 N 和 P 比值相对稳定(Schreeg et al.,2014;Mo et al.,2015)。有研究表明,植物的繁殖器官具有更稳定的 N 和 P 比值,这有助于保障植物后代的繁衍。此外,在植物的整个生长过程中,植物的 N:P 比变得越加不稳定,这可能与植物的养分重吸收作用有关(Yan et al.,2016)。

  内稳性假说(Homeostatic hypothesis)和生长速率假说(Growth rate hypothesis)是植物生态化学计量学研究中重要的两个假说。前者指植物在不受环境养分变化影响的情况下保持稳定养分组成的能力,后者指生物体的 C:N:P 比率对其生长速率具有较强的调控作用,通常生长速率较高的组分会具有低的 C:N、C:P 和 N:P,两者都在多个研究中得到了证明(Yu et al.,2010;蒋利玲等,2017;Wang et al.,2019a;原雅楠等,2021)。此外,针对 C、N 和 P 分配策略的假说还有元素分配假说(越活跃器官被分配更多的营养元素以实现功能最大化)、元素可塑性假说(地下器官因所受影响复杂,具有更大的变异性,即可塑性更高)等,这些假说也在天然林中得到了验证(Sterner & Elser, 2002; Zhang et al., 2018b; 何念鹏等, 2018)。普遍观点认为,一般初级生产力在淡水生态系统中受P限制,但在陆地生态系统中受N限制。然而,陆地和淡水系统中自养生物量N:P相似也表明陆地生态系统中的P限制也很普遍(Elser et al., 2000b)。N:P阈值被视作判断环境对植物生长的养分供应状况指标,当植物器官中N:P<14、N:P>16和14<N:P<16时,植物生长分别倾向于受到N限制、P限制和受到N和P共同限制或不受二者限制(Koerselman & Meuleman, 1996)。另一研究以10和20作为N和P限制的阈值(Güsewell, 2004),但现有研究多采用前一种(俞月凤等, 2022),或者综合起来讨论(李瑞等, 2018),然而植物N:P阈值可能在植物养分含量充足时指示出错误的限制元素,因而使用N:P阈值时需结合实际情况加以判断(田地等, 2021)。

在植物器官C、N、P生态化学计量研究方面,叶片的化学计量信息亟须拓展至植物其他器官(Elser et al., 2010)。同时,从丰富资源经济谱(Economics spectrum)理论的角度看,加强植物不同器官养分化学计量关系,以及各器官之间的关联研究亦十分必要(Reich, 2014)。此外,在复杂的天然森林群落中,元素分配假说(Element allocation hypothesis)、元素可塑性假说(Element plasticity hypothesis)、N-P异速分配假说(N-P allometry hypothesis),这三个与植物器官化学元素分配机制密切相关的假设仍待验证(何念鹏等, 2018)。在探讨植物元素化学计量学和分配策略时,应在更大的范围对这三个假说进行验证,并探讨植物多元素的分配策略。

现有研究大多关注植物叶的生态化学计量特征,而忽视茎、枝等器官(Zhang et al., 2018b)。有研究分析了全球范围内植物营养器官的主要限制元素含量,如C、N和P等,并探索植物主要限制元素的分配模式(Wright et al., 2004; Reich & Oleksyn, 2004)。如,Elser等(2000a)及Reich等(2004)分别收集了全球501种和1 280种植物的叶片数据,得出全球陆生植物叶片C、N和P水平及其计量比均值。Han等(2005)也对我国753种陆生植物叶片数据进行整合分析,得到我国植物N和P水平及其计量比均值,并发现我国陆生植物叶片的N和P水平低于全球平均水平。受采样方法、检测方式差异的限制,这种综合类型的研究多适用于器官和个体层面的机制讨论,但并不适合群落层面。有学者针对各种植被类型进行了群落层面的植物C、N、P等元素分配策略的探讨,但这些研究大多集中在一种或者几种相似植被类型(如原生林、次生林、人工林)(Cao et al.,

2017),少有研究关注植被恢复序列中植物 C、N、P 含量及其生态化学计量特征的变化及其元素分配策略(Pan et al.,2015)。

1.2.3 植被恢复过程中植物、凋落物和土壤的生态化学计量特征

植被恢复涉及植物群落与土壤环境的协调发展,因其能改善脆弱或退化生态系统养分循环、土壤质量而受到广泛关注(Xu et al.,2019)。群落组成结构、土壤理化性质随着植被恢复会达到稳定状态(O'Brien & Jastrow,2013),生态系统各组分(植物、凋落物、土壤)C、N、P 含量及其循环规律调控着植物的生存发展和各种生态过程(Reich et al.,2006),其化学计量比反映植物组成动态与土壤养分之间的平衡(Zhang et al.,2018a)。因此,研究生态系统各组分 C、N、P 化学计量比随植被恢复的变化对理解各组分之间养分关系及分配特征十分必要,有助于明确植被恢复过程中植物群落随土壤环境变化的发展方向(Zhao et al.,2015;Ren et al.,2016)。

叶片是光合作用的核心器官,因而叶片的化学计量比能代表整株的状况。研究发现,叶片 C:N 随植被恢复有 3 种不同的变化:下降(Cao & Chen,2017)、急剧增加(Yang & Luo,2011)、没有变化(Clinton et al.,2002)。凋落物是养分从植物到土壤的基本载体,其动态交换可以实现并维持土壤养分和植物生长所需的元素比率之间的平衡(Hessen et al.,2004)。土壤有机质和养分的积累主要来自各种形式凋落物的归还。研究表明,植物按照某种比例吸收和利用各种养分,并在体内保持彼此相对平衡以适应土壤环境的变化(秦海等,2010)。植物通过调整自身的适应性策略,以高的养分吸收适应生境的变化。凋落物养分含量是平衡生态系统养分循环的关键环节,养分再吸收对养分利用策略、植物生长和植物个体水平的竞争能力具有重要意义。

植被恢复是决定土壤 C、N、P 含量变化的关键因素(Xu et al.,2018)。由于地形(Tian et al.,2018)、土地利用类型(Li et al.,2016)和植被类型(Zhang et al.,2014)的影响,土壤 C、N、P 含量及其化学计量比在不同时空尺度上存在异质性,特别是植被盖度、植物类型及其群落组成显著影响土壤 C、N、P 含量及其化学计量比(Zhang et al.,2014)。随着植被恢复,植被类型及其群落组成结构变化有利于生物量的积累,增加土壤有机物质的输入,促进土壤养分的积累(Xiao et al.,2017),从而提高土壤 C、N、P 含量和改变其化学计量比(Zhao et al.,2015)。由于

木本植物有更多的凋落物归还土壤,且凋落物C、N含量较高,因而林地土壤C、N含量及其C:P、N:P比均高于草地(Paul et al.,2002)。随着植被恢复,土壤养分含量改变,植物养分表现出内稳态,即植物养分不随土壤环境变化而变化,多数显著的内稳态关系主要体现在植物叶片N和土壤N之间(Zeng et al.,2017)。凋落物作为连接植物与土壤的"纽带",其养分特性与植物、土壤密切相关(Cao & Chen,2017)。植物对落叶前N的再吸收效率随着正向演替而降低,表明恢复早期在缺N土壤中,植物通过提高N的再吸收效率以满足其对N的需求(Zeng et al.,2017),从而影响凋落物养分含量及其化学计量比。同时,凋落物化学计量比影响着凋落物分解和养分释放的速率,进而影响土壤养分的有效性和C固定(Mooshammer et al.,2012)。然而近年来,有关化学计量学的研究主要集中在单一器官或组分,仅有少量研究关注生态系统水平,在植被恢复演替方面,当前的研究也主要集中在各组分(叶片、凋落物、土壤)C、N、P化学计量比的变化特征,涉及随着植被恢复,植物-凋落物-土壤连续体化学计量比之间协同作用变化的研究仍比较少见,限制了我们对陆地生态系统养分元素生物地球化学循环的理解(Zeng et al.,2017)。

1.2.4 土壤酶活性和微生物生物量C、N、P的生态化学计量特征

土壤胞外酶是存在于土壤环境中的酶类物质,它们不附着在土壤微生物细胞表面,而是以游离的形式存在于土壤液相中。土壤胞外酶由土壤微生物产生,并可以被微生物释放到周围环境中。这些酶在土壤中发挥重要作用,对有机物的降解和循环起着关键作用。土壤胞外酶可以分解多种有机底物,例如碳水化合物、蛋白质和脂类等,将它们转化为可被植物吸收和利用的营养物质。这些酶还参与土壤的N、P和S等元素循环,促进养分的转化和有效利用。因此,土壤酶在生态系统物质循环和能量流动中扮演着重要角色,深入认识土壤酶活性对于理解生态系统C、N、P元素生物地球化学循环过程具有重要意义。土壤酶活性是满足微生物和植物营养需求的土壤营养条件的有效指标,微生物和某些植物会根据其需要来调节酶的产生,从而导致土壤胞外酶活性的变化(Sinsabaugh et al.,2008)。土壤胞外酶催化有机质分解的限速步骤,并且酶化学计量学已被用于反映微生物资源的获取策略(Bell et al.,2014)。最近,越来越多的研究使用胞外酶化学计量特征来确定微生物的养分状况或养分限制(Yang et *al.*, 2020)。根据土壤酶化学计量学理论,葡萄糖苷酶(BG)和乙酰葡糖胺糖苷酶(NAG)的比率或BG和NAG+亮氨酸氨肽酶的比率反映微生物C限制与N限制的对比,且较大的比率表明C限制(Zechmeister-Boltenstern *et al.*, 2015)。然而,有研究认为,这些比率并没有反映出C限制与N限制的相对性(Xu *et al.*, 2017)。土壤酶是土壤生物过程的主要调节者,与土壤有机质分解、矿质营养元素循环、能量转移等密切相关,在生态系统生物地球化学循环中具有重要作用。开展土壤酶活性的生态化学计量关系及影响因素的研究,能够为揭示区域尺度土壤碳循环的生物调控机制提供依据。

土壤微生物驱动着生态系统的物质循环和能量流动,如有机质分解、有机C固持、N循环等(Leff *et al.*, 2015),影响生态系统的功能(Mooshammer *et al.*, 2014)。土壤微生物生物量在生态系统中充当具有生物活性的养分积累和储存库。土壤微生物转化有机质为植物提供可利用养分,与植物的相互作用维系着陆地生态系统的生态功能。同时,土壤微生物也与植物争夺营养元素,在季节交替过程和植物的生长周期中呈现出复杂的互利–竞争关系。土壤微生物调节着土壤C的存储和N的固定与矿化,其生物量的动态变化反映土壤养分及土壤C的转化和循环,其生物量的比值(C:N、N:P、C:P)可作为表征土壤营养限制的指标(Cleveland & Liptzin, 2007)。作为相对易分解和周转速度较快的营养库,土壤微生物生物量在C、N、P等化学元素的生物地球化学循环中扮演着重要的驱动角色。对微生物和胞外酶活性进行定量分析,有助于我们理解土壤中生物地球化学循环的过程(Buchkowski *et al.*, 2015;周正虎等,2016)。目前,生态化学计量学相关理论已经被应用到微生物和胞外酶研究中,探索微生物和胞外酶活性对土壤C:N:P计量关系的适应机制。Peng和Wang(2016)研究表明,土壤胞外酶及其化学计量变化受土壤C、N、P的主导。Xu等(2017)发现我国东部南北样带森林生态系统中土壤胞外酶C:P和N:P分别与土壤C:P和土壤N:P呈显著负相关关系。海拔梯度引起气候、植被和土壤特征的变化,从而进一步导致土壤中C、N和P的化学计量特征发生变化。然而,尚不清楚土壤微生物是否会通过调整自身生物量的C:N:P比和胞外酶的C:N:P比来适应这种变化。研究微生物生物量和胞外酶的C:N:P比在不同环境条件下的可塑性,有助于更深入地理解土壤中C、N、P的循环过程。

1.2.5 喀斯特生态系统生态化学计量特征的研究现状

近年来,越来越多的研究关注喀斯特生态系统的养分循环规律(Song et al., 2019),涉及土壤酶和土壤微生物生态化学计量特征的研究逐步受到重视(Chen et al., 2018a; Guo et al., 2019)。例如,张伟等(2013)发现,喀斯特森林凋落物中高的P含量和N:P比值有利于土壤P含量的积累。Wardle等(2004)研究发现随着植被演替的进行,土壤全N含量增加,全P反而减少,P在植被演替后期往往会成为限制元素。Pan等(2015)研究发现,随着植被演替,喀斯特森林生态系统凋落物C、N、P含量及N:P比有逐渐增加的趋势,而C:N和C:P值表现出相反的结果;Tang等(2015)研究也表明,随着植被正向演替,凋落物的N、P含量逐渐增加。因此,随着植被演替趋于顶极,喀斯特森林生态系统的土壤N含量和凋落物的N、P含量有逐渐增加的趋势。一项在亚热带喀斯特地区的研究表明,随着次生演替的进行,土壤总磷含量下降(Zhang et al., 2015)。为了应对这种低磷可利用性,一些喀斯特植物通过根分泌物(分泌的有机酸)来增加磷的溶解度(Ström et al., 2005)。迄今,关注喀斯特土壤微生物生物量和胞外酶的生态化学计量特征的研究较少。有研究表明,生态系统演替进程中土壤微生物生物量C:N:P没有一致的时间格局(周正虎等,2016)。另一项研究表明,喀斯特山区土地利用方式转变过程中,土壤全氮含量、C:N、N:P和pH是土壤酶活性变化的主要驱动因素,土壤酶活性与养分含量具有趋同性且受土壤pH的调控(孙彩丽等,2021)。

在我国西南地区的喀斯特森林生态系统中,植物的C含量较高,但N和P含量较低。根据Hu等(2016)的研究,喀斯特森林生态系统中植物叶片的碳含量介于456.07—542.04 mg/g之间。西南喀斯特地区土层薄、土壤贫瘠,但该区域光照充足,降雨充沛,因而具有较高的固C效率(宋同清,2015)。喀斯特森林生态系统中,植物的N和P含量分别为7.20—19.81 mg/g和0.88—3.02 mg/g。根据Yang等(2019)的研究,不同类型的喀斯特森林植物的N、P含量存在较大差异,这可能是喀斯特地区具有多样的小生境类型所导致的。Pang等(2018)的研究表明,影响喀斯特森林生态系统生态化学计量特征的地形因子包括坡位、坡度、坡向、裸岩率和海拔等。研究表明,不同的坡度、坡位、坡向和裸岩率对喀斯特森林凋落物的化学计量特征有显著影响。具体而言,上坡相对于下坡来说,具有较高的C含量,以及较高的C:N、C:P和N:P比,但P含量较低(Pang et al.,

2018；Wang et al.，2018b；Umair et al.，2020）。

利用生态化学计量学方法分析喀斯特生态系统植被演替特征并探索其驱动机制，可为喀斯特地区的生态恢复重建和农业结构调整提供理论依据和科学支撑（Zhang et al.，2015；Hu et al.，2022）。喀斯特森林生态系统的变化受生物因子、非生物因子以及人类活动等多重因素影响，任意一个因子的改变都可能会对喀斯特生态系统产生剧烈干扰（Du et al.，2011；Zhang et al.，2019a）。当前，喀斯特生态系统化学计量特征及其驱动机制的研究相对滞后，许多学者仅侧重研究森林生态系统和石漠化（Rocky desertification）区域的化学计量学特征，但仍然不清楚生物与非生物因素如何影响化学计量元素含量及其比值。在今后的研究中，探讨气候变暖、降水变化、人类活动、N沉降和不同年份等因素对喀斯特生态系统C、N、P含量及其生态化学计量特征的影响将具有重要意义。

喀斯特生境土层浅薄致使养分总量较低，过度的开垦种植会导致水土流失，进而使得营养元素的规模和循环速度发生显著改变（李胜平等，2016；Huang et al.，2019）。喀斯特植被作为喀斯特生态系统的结构与功能的维持者，其生态化学计量特征与养分循环机制的研究是学者关注的重点（曾昭霞等，2015；Su et al.，2019）。在喀斯特地区，凋落物通过淋溶和分解作用释放的养分主要堆积在土壤的表层。然而，由于表层土壤的流失，N、P等养分很容易随之流失。这种土壤养分的流失会进一步限制植物的生长（张伟等，2013）。目前为止，尽管对我国西南喀斯特生态系统化学计量特征已开展一定研究，但对喀斯特植被恢复过程中的生态化学计量特征及其影响因素的研究仍然缺乏。

1.3 本研究的选题依据

喀斯特地貌是世界上广泛分布的一种地质景观类型，我国喀斯特地貌区面积约344万 km^2，约占国土总面积的36%，约占全球喀斯特面积的15.6%。我国西南地区有碳酸岩出露面积约51万 km^2，占该区域总面积的5.8%，其中贵州、云南和广西3个省份是西南喀斯特地貌最为典型的集中连片区域（袁道先，1997；

Jiang et al.，2014)。喀斯特生态系统具有土层浅薄、土被不连续、水土易于流失、树木不易定植等生态脆弱特性,加上西南地区持续的人为干扰和资源的不合理利用,导致喀斯特植被破坏严重,生态系统退化和石漠化等问题较为突出(郭柯等,2011；王克林等,2019；王世杰等,2020)。现存的西南喀斯特植被多为灌丛或草丛,而原生林则丧失殆尽,残存的森林常以遭受干扰后逐步恢复起来的次生林为主。喀斯特植被对维持生态系统结构和功能的稳定性极为重要,同时对探索岩溶地质背景下诸多生态过程与驱动机制具有重要科研价值(王俊丽等,2020)。生态化学计量学作为有机体和环境之间的重要反馈指标,连接了从分子到有机体再到生态系统尺度的各个生态过程。生态化学计量学是研究生态系统的化学元素组成和生态系统能量平衡的科学,而喀斯特地区不同植被恢复阶段的生态化学计量学研究可以很好地反映生态系统的演替规律及其调控机制。

位于广西龙州县的弄岗国家级自然保护区及其周边分布有典型的北热带喀斯特植被,具有富钙偏碱的特殊地球化学背景以及丰富多样的生境类型,同时受季风气候影响,该区域森林呈现出树种组成丰富、结构多样、特有成分突出等特点。然而,针对该植被类型的生态化学计量学方面的研究鲜有报道,仅郭屹立等(2017)针对弄岗喀斯特季节性雨林,分析了土壤和6个常见树种凋落物的C、N、P化学计量学特征。在封山育林等措施下,随着北热带喀斯特植被的恢复,生态系统各组分(植物、凋落物、土壤)C、N、P含量及其循环规律调控着植物的生存发展和各种生态过程,其化学计量比反映植物组成动态与土壤养分之间的平衡。因此,研究北热带喀斯特生态系统各组分C、N、P化学计量比随植被恢复的变化对理解各组分之间养分关系及分配特征十分必要,有助于明确植被恢复过程中植物群落随土壤环境变化的发展方向。

第二章

研究区概况与研究方法

2.1 研究区概况

2.1.1 地理位置

弄岗国家级自然保护区位于我国西南部,地处广西崇左市龙州县与宁明县交界地(N22°13′56″— 22°39′09″,E106°42′28″—107°04′54″),地处云贵高原向东南倾斜的前缘缓冲地带(向悟生等,2004;Guo et al.,2021)。整个保护区被分成3个不连续的片区,即弄岗、陇呼和陇山片区,其中弄岗片区面积5 424.7 hm²,陇呼面积1 008.0 hm²,陇山片区地跨龙州、宁明两县,面积为3 644.8 hm²(图2-1)。保护区总面积10 077.5 hm²,其中核心区面积3 104.8 hm²,实验区4 061.9 hm²,缓冲区2 910.8 hm²。保护区属典型的喀斯特地貌,至今还保存着世界罕见的最完好的北热带喀斯特季节性雨林。保护区以濒危动植物、喀斯特地貌以及喀斯特季节性雨林生态系统为保护对象,于1999年加入中国"人与生物圈"保护区网络,是我国具有国际意义的陆地生物多样性14个关键地区之一,是唯一的保护北热带喀斯特季节性雨林的国家级自然保护区(黄俞淞,2010)。

2.1.2 地质与地貌特征

弄岗喀斯特山地的岩性主要由灰岩、白云岩和白云质灰岩等组成。地质构造主要受北西向构造和纬向构造的交汇影响,同时也受新华夏构造和龙州-凭祥弧形构造的影响,构造相对复杂。地貌类型主要为典型的喀斯特峰丛洼地和峰丛谷地。峰丛是由石灰岩遭受强烈的溶蚀作用后形成的山峰集合体,呈现锥状、塔状、圆柱状等不同的形态,而洼地通常是面积较小、周围封闭的低地(图2-2)。研究区的岩溶发育主要受到强溶蚀能力的岩溶水、可溶性岩石和地质构造的影响,同时也与气候环境和动植物等因素密切关联。峰丛谷地和洼地中存在许多断层和裂缝,地下岩溶水垂直向下流动强烈。由于岩溶水垂直向下流动强烈,地表水资源非常匮乏,而裂隙溶洞水则成为主要的地下水资源。

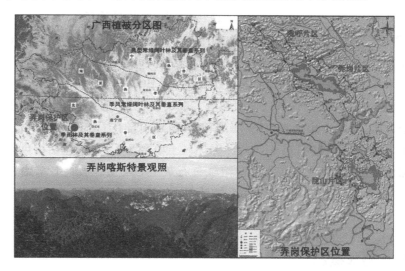

图2-1　广西弄岗国家级自然保护区位置和喀斯特景观

Fig.2-1　The location and karst landscape of the Nonggang National Nature Reserve in Guangxi

图2-2　喀斯特峰丛洼地地貌

Fig. 2-2　Karst peak-cluster depressions landform

2.1.3 气候和土壤特征

弄岗国家级自然保护区地处北回归线以南，为热带季风气候。春夏季气温较高，降雨较多。冬春季气温偏低，雨水少且气候干燥。年均气温22 ℃，最冷月气温13 ℃以上，年最高气温37—39 ℃。夏季平均相对湿度80%—83%，冬季平均相对湿度75%—78%。日照时数全年约1 500—1 800 h，9月日照时数最多，3月最少（郭屹立等，2017；李雨菲等，2022）。该区域月平均降雨分布不均，干湿季节明显，雨季集中在5—9月，多年平均降雨量在1 150—1 550 mm之间，而旱季主要在1—4月和11—12月。保护区土壤多为石灰土，包括棕色石灰土、水化棕色石灰土、黑色石灰土和淋溶红色石灰土等类型，土壤pH多为微碱性，具有Ca含量高、有机质丰富和土层浅薄等特点（黄俞淞，2010；Guo et al., 2020）。

2.1.4 植被概况

保护区内保存着生态系统较为完整的典型北热带喀斯特山地季节性雨林植被类型，是我国目前面积最大、最原始、最独特的北热带喀斯特季节性雨林，具有喀斯特季雨林生态系统特征的生物基因库，动植物多样性极为丰富。至2023年12月，弄岗保护区共记录有维管植物1 840种，隶属于185科841属，其中栽培植物81种，隶属于42科73属；归化植物22种，隶属于16科21属；野生维管植物176科791属1 737种，其中蕨类植物有29科51属151种，裸子植物4科5属11种，被子植物143科735属1 575种。保护区植物特有性明显，蕨类植物中国特有种39种、种子植物广西特有种103种、岩溶特有植物281种。保护区内分布有珍稀濒危植物55种、广西重点保护野生植物78种。该保护区分布有我国热带北缘喀斯特森林的代表性群落，包括肥牛树（*Cephalomappa sinensis*）群落、望天树（*Parashorea chinensis* var. *guangxiensis*）群落、东京桐（*Deutzianthus tonkinensis*）群落、蚬木（*Excentrodendron hsienmu*）群落、大叶风吹楠（*Horsfieldia kingii*）群落等。植物区系主要由热带性质的北部湾植物区系和海南植物区系的优势科组成，如豆科（Leguminosae）、无患子科（Sapindaceae）、桑科（Moraceae）、椴树科（Tiliaceae）等。区系组成中，很多为热带喀斯特地区的特有种类，如肥牛树、望天树、金丝李（*Garcinia paucinervis*）、蚬木等。此外，茎花山柚

(*Champereia manillana* var. *longistaminea*)、割舌树(*Walsura robusta*)、三角车(*Rinorea bengalensis*)、网脉核果木(*Drypetes perreticulata*)、假肥牛树(*Cleistanthus petelotii*)、海南风吹楠(*Horsfieldia hainanensis*)、闭花木(*Cleistanthus sumatranus*)等也较为常见(黄俞淞,2010)。

洼地到山顶水热条件的剧烈变化,使得植被类型有明显的垂直变化。在洼地及其边缘,多由喜湿耐阴性强的种类组成森林,如海南风吹楠林、东京桐林、五桠果叶木姜子(*Litsea dilleniifolia*)林等,森林树高达35 m,具有明显的热带季节性雨林特征,板根和茎花茎果现象普遍。在坡地中部分布有以肥牛树、闭花木及蚬木等为优势种的森林,这种森林树高可达25 m。此外石生铁角蕨(*Asplenium saxicola*)和岭南铁角蕨(*Asplenium sampsoni*)多出现在该区域。在山峰顶部及其周围,生境条件较为恶劣,主要分布的为山顶矮林,种类主要为毛叶铁榄(*Sinosideroxylon pedunculatum* var. *pubifolium*)、清香木(*Pistacia weinmannifolia*)等优势种,高度通常只有5—6 m,林木仅有一层,旱生性明显,此外还有一些兰科植物,如琴唇万代兰(*Vanda concolor*)、钗子股(*Luisia morsei*)、美花石斛(*Dendrobium loddigesii*)等(黄俞淞,2010)。

受早期人为干扰,保护区及其周边区域的植被类型主要包括草丛、灌丛、次生林和原生林等类型(图2-3)。原生林阶段群落分3个亚层,第1层高约20 m,盖度50%,第2层高约15 m,盖度70%,第3层主要为阴生树种,高度约9 m,盖度50%,灌木层盖度25%,高度2.5 m,草本层盖度15%,高度约0.4 m,岩石裸露率可达90%,土壤为棕色石灰土。次生林阶段的优势种多为阳性树种,群落可分2个亚层,第1层高度大于10 m,盖度20%,第2层高度为5—10 m,盖度25%,灌木层高2—5 m,盖度约50%,草本层高度往往低于1 m,盖度约为60%,土壤为石灰土。灌丛阶段多为藤刺灌丛,盖度可达95%。该群落可分为两层,第1层高度3—5 m,第2层小于3 m,地表有少量凋落物,土壤为石灰土,土壤厚度40—50 cm。草丛阶段往往弃荒时间较短,多在1—5年内,人类耕作痕迹明显,飞机草(*Chromolaena odorata*)、白茅(*Imperata cylindrica*)等占优势,高度1.0—1.5 m,群落盖度80%以上,多为棕色石灰土(邓艳,2004)。

图 2-3　北热带喀斯特地区处于 4 种恢复阶段的植被
Fig. 2-3　The four stages of vegetation restoration in the northern tropical karst region

2.2 研究方法

2.2.1 样方设置与调查

研究区的喀斯特峰丛洼地陡峭且岩石出露较多,野外样方调查和样品采集极为困难。本研究于 2021 年 8 月植物生长旺盛时期,根据时空替代法(Wu et al.,2022;Lu et al.,2022)在弄岗国家级自然保护区的弄岗片区选取不同植被恢复阶段建立草丛、灌丛、次生林和原生林样方,其中草丛面积为 5 m×5 m、灌丛为 10 m×10 m、次生林和原生林各为 20 m×20 m,每个恢复阶段建立 4 个样方,合计 16 个样方。每个恢复阶段样方具有一致的地貌特征和土壤类型,同时坡度、坡向和海拔等环境因子较为相似。森林和灌丛样方测定和记录所有植物名称、胸径、树高、群落郁闭度等数据,草丛样方记录物种名、平均高度、盖度,群落总盖度和总高度,同时记录经纬度、海拔、坡向、坡位、坡度、岩石裸露率和凋落物厚度等环境指标。四种植被恢复阶段样地的基本概况见表2-1。

为分析季节性干旱对植物细根和根际土生态化学计量特征的影响,于2021年12月在保护区的陇呼片区一座峰丛洼地单元中选择草地、灌丛、森林3种植被恢复阶段,在3个恢复阶段重新建立了4个面积为20 m×20 m的样方,样方间距30 m以上。这些样方同样具有相似的环境条件,如海拔、坡度和土壤类型等。分别于2021年12月(正常旱季)、2022年6月(正常雨季)和2022年12月(极端旱季)分3个时期进行了样方植被调查,记录了植物物种名称、盖度、丰富度和高度等数据。

表2-1　北热带喀斯特植被4种恢复阶段的样方基本概况
Table 2-1　The plot characteristics of four vegetation restoration stages in northern tropical karst region

恢复阶段 Restoration stages	海拔 Elevation/m	坡度 Slope/°	盖度 Canopy cover/%	林分高度 Stand height/m	部分常见种 Selected common species
草丛 Grassland	235－281	25.3±1.3	87.4±2.3	0.7±0.1	飞机草、白茅、类芦、鬼针草、五节芒、飞蓬、千里光
灌丛 Shrubland	263－316	27.5±2.1	77.4±3.4	2.9±0.5	盐肤木、潺槁木姜子、黑面神、雀梅藤、番石榴、仪花、红背山麻杆、灰毛浆果楝、粗糠柴
次生林 Secondary forest	224－296	26.6±1.7	81.4±4.3	10.5±1.3	米扬噎、广西牡荆、垂茉莉、广西澄广花、东京桐、闭花木、三角车、海南大风子、肥牛树、黄棉木、毛黄椿木姜子、南方紫金牛、苹婆
原生林 Primary forest	247－303	28.6Q±1.5	87.4±5.2	19.5±2.4	蚬木、火筒树、毛黄椿木姜子、宿萼木、齿叶黄皮、干花豆、南烛厚壳桂、川桂、云南野桐、黄梨木、山石榴

2.2.2 样品的采集与处理

在样地内采集乔木的根、茎、枝、叶4类营养器官,灌木的根、枝、叶3类营养器官,草本植物采集地上和地下部分,每种植物样本重复采4—5株,混合为1份样品。木本植物沿着每棵植株根部东、西、南、北4个方向挖取根系样品;在树木茎干高1.3 m处用生长锥采集树芯(茎)样品;在树冠东、西、南、北4个方向各取一根直径小于1 cm的细枝,去掉树皮作为枝条样品;在每棵植株冠层中部外围东、西、南、北4个方向采摘完全展开、健康成熟的叶片(不带叶柄)作为叶片样品。不同恢复阶段的草本植物采集整个植株,将植株的地上部分和地下部分分开获取样品。采集的植物样品清洗晾干后置于烘箱,杀青后在75℃下烘干至恒重,使用植物粉碎机磨碎后备用。

在每个样地内按照五点取样法,使用PVC管设置0.5 m×0.5 m的小方框并采集框内的凋落物,将采集到的凋落物样品混合成1份,再送至实验室烘干至恒重。此外,在每个样地按照五点取样法挖取50 cm深的土壤剖面,由于部分样地内岩石裸露率较高,土壤浅薄,部分采样地位置会根据生境变化做适当调整。按0—<10 cm、10—<20 cm、20—<30 cm和30—<50 cm分4层分别取环刀土和新鲜土样品,每个样地相同土层新鲜土样品装入自封袋后充分混匀为1份土壤样品,随后部分土壤样品放置在保温箱中冷藏(4℃),并尽快带回实验室放置于4℃冰箱保存。部分冷藏土壤用于测定土壤微生物量C、N、P含量和胞外酶活性,部分土壤风干过筛(2 mm)后用于测定常规理化性质。

广西龙州县的雨季集中在5—9月,旱季在11月至翌年2月,具有明显的干湿季节之分,而2022年10—12月期间几乎没有有效降雨,干旱尤为严重。因此,2021年1月至2022年9月,研究区表现为正常雨季和旱季交替,而2022年10—12月表现为极端旱季(见图2-4)。于2021年12月(正常旱季)、2022年6月(正常雨季)和2022年12月(极端旱季)分3次分别在每个样地中选择5个有代表性的固定采样点。根际土样品采用"抖根法"采集,具体方法为:在每个采样点清除地表凋落物和杂物后,采集0—10 cm范围内土壤中的细根(直径≤2mm),使用镊子夹取并轻轻抖动以便去除附着在根表面的土壤,然后收集黏附在根表面的土壤,即为根际土。采集完根际土后,将细根样品保存于自封袋中,合计采集细根和根际土样品180份。所有样品尽快带回实验室,其中细根样品65℃干燥48 h至恒重,根际土样品在阴凉处风干并过2 mm土壤筛。

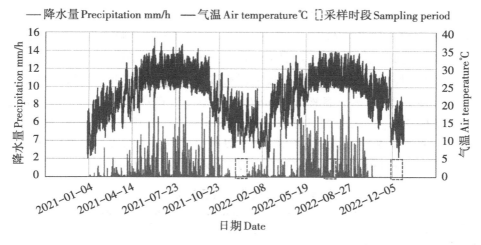

图 2-4 2021—2022年间广西龙州县降水量与气温变化以及采样时间段
Fig. 2-4 Precipitation and temperature changes in Longzhou County, Guangxi between 2021—2022 and the sampling periods

2.2.3 样品理化分析

样品的C含量采用重铬酸钾氧化-外加热法测定,N含量通过凯氏定氮法测定,P含量使用$HClO_4$-H_2SO_4钼锑抗比色分光光度计法测定。土壤含水量(SWC)用烘干法测定,pH值使用电位法测定;容重(BD)使用环刀法测定;电导率(EC)使用电导仪测定(水:土=5:1)。土壤速效磷(AP)采用$NaHCO_3$浸提-钼锑抗比色法测定,全钾(TK)采用钼锑抗比色法测定,铵态氮(AN)使用氯酸盐-苯酚浸提靛酚蓝比色法测定,交换性钙(ECa)和交换性镁(EMg)使用原子吸收分光光度法测定。上述分析方法参照相关文献(鲁如坤,2000)。

2.2.4 土壤微生物量C、N、P含量和胞外酶活性的测定

土壤微生物量C(MBC)与土壤微生物量N(MBN)经氯仿熏蒸-K_2SO_4浸提后,用TOC仪测定,土壤微生物量P(MBP)采用钼锑抗比色法测定(鲁如坤等,2020)。本研究选择BG、NAG、LAP和AP四种与土壤C、N、P循环相关的胞外酶,4种酶的功能见表2-2。采用多功能酶标仪(Tecan Infinite M200 PRO),通过96微孔板荧光法测定分析土壤胞外酶活性,具体方法为:BG、NAG、LAP和AP

的潜在酶活性（nmol·h^{-1}·g^{-1}）使用改进的荧光联结模型底物 4-甲基石竹素或 7-氨基-4-甲基香豆素（LAP 测定）测量（DeForest，2009）。为确定每个酶的活性，将 1 g 新鲜土壤与 90 mL 调至近似土壤 pH 的 50 μmol/L 醋酸钠缓冲液混合，使用磁力搅拌器搅拌 15 min。在微孔板上严格按照一定的顺序和位置进行醋酸缓冲液、土壤悬浮液、标准溶液（10 μmol/L 4-甲基石竹素）和特定于每个酶的荧光底物溶液（200 μL）的分配。然后，盖上微孔被，在暗处培养 2 h，温度为 25 °C。培养后，向微孔板中加入 10 μL 的 NaOH 以终止反应。全部终止反应后，用 365 nm 激发波长和 450 nm 检测波长进行荧光检测（DeForest，2009）。

表 2-2 土壤胞外酶及其功能
Table 2-2 Enzymes and their functions in this study

酶 Enzyme	简写 Abbreviation	底物 Substrate	功能 Function
β-葡萄糖苷酶 β-glucosidase	BG	4-MUB-β-D-glucoside	纤维素降解：将纤维二糖水解成葡萄糖。Cellulose degradation：hydrolyses glucose from cellobiose.
N-乙酰葡萄糖苷酶 N-acetylglucosaminidase	NAG	4-MUB-N-acetyl-β-D-glucosaminide	壳聚糖和肽聚糖的降解：将壳二糖水解成氨基葡萄糖。Chitin and peptidoglycan degradation：hydrolyses glucosamine from chitobiose.
亮氨酸氨基肽酶 leucine aminopeptidase	LAP	L-Leucine-7-amino-4-methylcoumarin	蛋白质水解：将亮氨酸和其他亲水性氨基酸从多肽的 N 端水解出来。Proteolysis：hydrolyses leucine and other hydrophobic amino acids from the N terminus of polypeptides.
碱性磷酸酶 Alkaline phosphatase	AP	4-MUB-phosphate	将磷酸从磷酸糖和磷脂中水解出来。Hydrolyses phosphate from phosphosaccharides and phospholipids.

2.2.5 数据分析

为验证元素可塑性假说和限制元素稳定性假说，本研究采用各器官 C、N 和 P 含量的变异系数来检验（Zhang et al.，2018b）。变异系数越大，表明该器官中该元素的可塑性越高(何念鹏等,2018)。各器官中不同元素含量的变异系数(Coefficient of Variation, CV)使用公式 $CV(\%)$=标准差(Standard Deviation, SD)/均值(Mean, M)×100%计算得出,式中 CV 为变异系数,SD 为各元素含量对应的标准偏差,M 为该群落某一生活型植物对应器官的某一元素含量的平均值。

内稳性指数用化学计量内稳性定量模型 $y=cx^{1/H}$ 通过回归分析计算(Sterner & Elser,2002)。式中,y 对应植物器官的营养元素含量,x 是环境(土壤样品)中营养元素供应量,x 和 y 可以是元素含量或元素配比,c 为常数。$1/H$ 为稳态系数,介于 0—1 之间,H 为内稳性指数,$H<1$ 表明生物体不具有保持其自身化学元素组成相对稳定的控制能力,会随环境变化呈部分比例变化,即内稳性不存在;$H=1$ 表明生物体完全没有保持其自身化学元素组成稳定的控制能力,完全随环境变化(王传杰等,2018);$H>1$ 时认为生物体具有维持自身元素组成相对稳定的能力,$H>4$ 为稳态型,$2<H<4$ 为弱稳态型,$3/4<H<2$ 为弱敏感型,$H<3/4$ 为敏感型,一般认为 H 越大,内稳性越强(Koerselman & Meuleman,1996)。参照前人研究,将负值的 H 取绝对值(Persson et al.,2010;张婷婷等,2019)。

不同植被恢复阶段的植物器官元素含量数据若符合正态性和方差齐性条件,使用单因素方差分析(one-way ANOVA)进行检验,使用 LSD 法进行多重比较;若不符合上述分析条件,采用 Kruskal-Wallis 非参数检验法进行差异性比较,对差异显著的数据进行成对比较(Paired comparison)。使用 Pearson 相关性分析对各植被恢复阶段内的植物器官营养元素数据进行相关性检验。上述数据均在 R 4.0.3 完成分析及绘图。

对不同植被恢复阶段的植物叶片、凋落物和土壤生态化学计量特征进行差异性比较,若满足方差齐性用 Turkey's HD 法进行组间多重比较,若方差不齐则用 Games-Howell 法检验,显著水平为 $P<0.05$。在 R 4.0.3 中使用 psych 包进行不同植被恢复阶段植物叶片、凋落物和土壤生态化学计量特征之间的 Pearson 相关性分析;使用 vegan 包进行叶片、凋落物和土壤生态化学计量特征及其影响因子(AN、AP、BD、EC、ECa、EMg、pH、TK)之间的冗余分析(Redundancy analysis, RDA),并用蒙特卡洛法(Monte Carlo)进行 999 次置换检验以获取排序轴的显著性,以及基于层次分割理论,使用 rdacca.hp 包(Lai et al.,2022)计算每个环境变量解释叶片、凋落物和土壤生态化学计量特征的比率。

使用软件 SmartPLS 3.0 构建基于不同植被恢复阶段(用分类变量表示)、植物叶片、凋落物和土壤生态化学计量特征的偏最小二乘结构方程模型(Partial

Least Squares Path Model,PLS-PM),该方法可将多个观测变量汇总为一个潜变量,从而探讨多个潜变量间的复杂因果关系,其对样本数量要求低且具备高水平统计能力。

本研究中,土壤胞外酶化学计量比采用 Sinsabaugh 等(2008)的方法进行计算:

土壤 C:P 酶活性比($C:P_{EEA}$)= Ln(BG):Ln(AP)

土壤 C:N 酶活性比($C:N_{EEA}$)= Ln(BG):Ln(NAG+LAP)

土壤 N:P 酶活性比($N:P_{EEA}$)= Ln(NAG+LAP):Ln(AP)

本文采用双因素方差分析法(Two-way ANOVA)分析不同恢复阶段与土层深度对土壤、微生物和胞外酶化学计量特征的影响;运用 Pearson 相关性分析检验土壤-微生物-胞外酶 C、N、P 及其化学计量特征与土壤理化因子的相关关系;冗余分析(RDA)用于明确微生物-胞外酶 C、N、P 及其化学计量特征与各土壤理化因子的关系,确定影响土壤胞外酶活性主要因素;通过构建结构方程模型(SEM)对土壤-微生物-胞外酶的耦合关系进行定量分析。方差分析在 SPSS 24.0 中完成,相关性分析、RDA 和 SEM 分析分别运用 psych、vegan 和 plspm 程序包完成,作图在 ggplot2 包完成。

采用线性混合模型(Linear mixed model,LMM)分析不同恢复阶段、不同季节及其相互作用对根际土和细根中 C、N、P 含量及其化学计量比的影响。单因素方差分析(One-way ANOVA)与最小显著性差异(LSD)检验被用来分析恢复阶段和季节之间的差异显著性。LMM、单因素方差分析和多重比较在 nlme 包(Pinheiro et al.,2017)中完成。根际土和细根中的 C、N、P 含量及其比率之间的关系采用 Pearson 相关分析,使用 PerformanceAnalytics 包(Peterson & Carl,2020)进行相关分析并作图。采用冗余分析(RDA)进一步分析 C、N、P 及其化学计量比、土壤主要性状(土壤水分、pH)间的相关关系,该分析在 Canoco 5.0(Canoco,NY,USA)中完成。

第三章

植被恢复过程中植物器官的生态化学计量及其内稳性特征

3.1 引言

植物生态化学计量学主要研究植物器官中元素的定量特征以及它们与生态系统功能和环境因子的关系(田地等,2021)。植物生理功能和环境元素供应的变化可以通过元素化学计量的变化来指示(Sterner & Elser,2002)。C、N和P三种元素是确保植物生长的最基本营养单位,也是生物大分子(如,糖类、蛋白质和遗传物质)的主要组成成分,其中C是植物的基本骨骼元素,为植物的新陈代谢、生长、发育和繁殖提供能量(Zou et al.,2021)。N是酶和叶绿素的重要组成部分,P是烟酰胺腺嘌呤二核苷酸磷酸(NADP)、腺苷三磷酸(ATP)、核酸和磷脂的关键成分(Xing et al.,2022),因而N和P通常被认为是自然状况下限制生物生长繁殖的重要元素,是预测陆地生态系统变化的重要指标。植物N、P化学计量比对解释陆地生态系统初级生产力的限制作用具有重要意义,C、N和P的化学计量是评估N和P变化机制的有效方法(Reich & Oleksyn,2004;刘超等,2012)。此外,植物C、N和P的化学计量与生物体生长发育、种群增长、群落生物多样性、结构和动态以及生态系统功能和过程有关(Zou et al.,2021)。

喀斯特植被因发育于具有特殊水文二元结构,水热分布不均,土层贫瘠、浅薄且不连续的具有高度生境异质性的喀斯特地貌区,极易受到外界干扰,部分原本植被发育良好地区甚至在人为强烈干扰下退化为石漠化区,植被恢复难度大(曾馥平等,2007;文丽等,2015;Geekiyanage et al.,2019)。通过生态化学计量学研究探索喀斯特植被在各个恢复阶段的养分分配情况,对脆弱的喀斯特生态系统植被恢复与重建工作显得尤为重要。现有的相关研究多集中在喀斯特植物叶片(Pan et al.,2015),但不同的器官、不同的生活型会有不同的营养分配模式,部分学者选择根、茎、枝、叶中的部分器官进行研究(Pang et al.,2018),但系统包含上述4个器官的研究相对较少。喀斯特植被的根系生长于岩石与土壤之间,采样难度很大,故与根系相关的研究相较其他器官更少,且现有研究大多在物种水平开展,仅针对一种或几种优势树种进行研究(Zou et al.,2021)。综合现有研究的成果,尚无法系统阐明喀斯特植被恢复过程中植物各营养器官的养分含量及其分配状况,以及生态化学计量学的各种假说是否适用于喀斯特植被。

本研究以北热带喀斯特植被为研究对象,按照植被的自然恢复阶段,分别建立草丛、灌丛、次生林和原生林样地,在样地内采集植物的根、茎、枝、叶4类营养器官(草本植物采集地上和地下部分)以及表层土,通过测定植物器官和土壤样品C、N和P含量,从而分析3种元素及其计量比在不同营养器官间的分配格局,检验元素化学计量的内稳性。研究结果可为喀斯特植被恢复与重建提供科学参考与依据。

3.2 研究方法

研究地概况、样地调查、样品采集与分析、统计分析等参见第二章。

3.3 研究结果

3.3.1 植被恢复过程中植物器官的C、N、P含量及其生态化学计量特征

由图3-1可知,群落水平上,草丛阶段植物地上部分的C、N和P含量均高于地下部分,其中仅N含量存在显著差异($P<0.05$)。草丛阶段植物地下部分的C:N比和C:P比均比地上部分高,但无显著差异,而地上部分的N:P显著高于地下部分($P<0.05$)。植物地上、地下部分的N:P比均值小于14。

由草丛阶段群落水平的相关性分析可看出(图3-2),地上和地下部分的同种元素间均呈正相关关系,表现出一定的共变性;N与C:N比间、P与C:P比间都呈显著负相关关系($P<0.05$),N与N:P比呈显著正相关关系($P<0.05$)。其中,地上和地下部分间的C和N含量均呈显著正相关($P<0.05$),地下部分的C、N含量间呈显著正相关($P<0.05$),而C、P含量间呈显著负相关($P<0.05$)。植物地上和地下部分的C:N、C:P和N:P比间的关系也较为密切。地上部分与地下部分间的C:N比呈显著正相关($P<0.05$);地下部分的C:N比和N:P比呈显著负相关($P<0.05$),N:P与C:P间呈显著正相关($P<0.05$)。

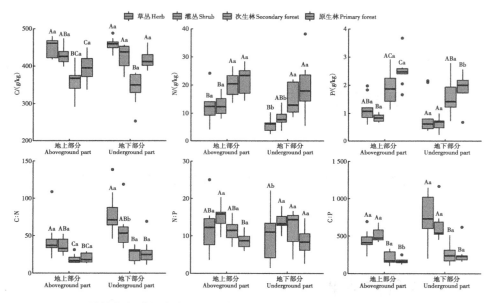

图3-1 植被恢复过程中草本植物地上和地下部分C、N、P含量及其化学计量比*

Fig.3-1 The C, N, P content and their ecological stoichiometric ratios in the aboveground and belowground parts of herbaceous plants during the vegetation restoration

不同小写字母表示同一植被恢复阶段内的不同器官存在差异,不同大写字母表示同一器官在不同植被恢复阶段间存在差异。Different capital letters represent significant differences in the same organ between different stages of vegetation restoration, while different lowercase letters represent differences in different organs within the same stage of vegetation restoration.

在灌丛阶段(图3-3),灌木的根、枝和叶的C含量无显著差异($P>0.05$),N和P含量表现为叶>根>枝,且存在显著差异($P<0.05$)。灌丛阶段的草本植物地上

* 原图为彩图,见附录彩图部分,后同。

和地下部分C、N、P含量均表现为地上部分>地下部分,其中仅N含量存在显著差异($P<0.05$)(图3-1)。

灌木不同器官的C∶N和C∶P比均表现为枝>根>叶,而N∶P比则相反,表现为叶>根>枝,不同器官各化学计量比间均存在显著差异($P<0.05$)(图3-3)。草本植物的C∶N和C∶P比均表现为地下部分>地上部分,N∶P比则相反,其中仅C∶N在地上与地下部分间存在显著差异($P<0.05$)(图3-1)。就N∶P比来看,灌木根和叶的N∶P比>16,而草本植物地上部分为14<N∶P<16。灌木的枝和草本地下部分的N∶P比<14。

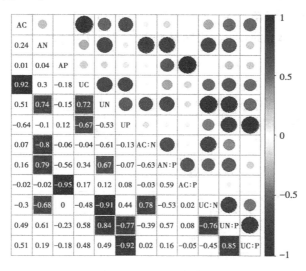

图3-2 草丛阶段植物器官C、N、P含量及其化学计量比之间的相关性分析*

Fig. 3-2 The correlation analysis of the content of C, N, P and their stoichiometric ratios in plant organs in grassland stage

图中AC、AN、AP、AC∶N、AN∶P、AC∶P分别是地上部分的C、N、P含量及其化学计量比,UC、UN、UP、UC∶N、UN∶P、UC∶P分别是地下部分的C、N、P含量及其化学计量比。蓝色代表正相关,红色代表负相关;颜色越深,方块面积越大,相关性越显著,左下部中仅填充标注有显著差异的相关性系数($P<0.05$)。AC, AN, AP, AC∶N, AN∶P, AC∶P represent the content of C, N, P and their stoichiometric ratios in the aboveground part, while UC, UN, UP, UC∶N, UN∶P, UC∶P represent the content of C, N, P and their stoichiometric ratios in the underground part. Blue denotes positive correlation, red denotes negative correlation; the darker the color, the larger the square area, indicating a more significant correlation. In the lower left part, only significant correlation coefficients ($P<0.05$) are filled and labeled.

* 此类图为彩图,颜色细节等见附录彩图部分,后同。

由灌丛阶段群落水平的相关性分析可看出(图3-4),灌木各器官的C、N、P含量均具正相关关系,表明器官元素间存在共变性与协同性。例如,根C与N含量、C与P含量,根C含量与叶C含量,根N含量与枝N含量等均呈显著正相关关系($P<0.05$)。草本植物中(图3-5),仅地下部分的N和P含量呈显著正相关($P<0.05$)。

灌木、草本植物各器官C、N、P化学计量比同样存在关联性。例如,灌木中(图3-4),根C:N和根C:P、叶C:N呈显著正相关($P<0.05$),而同根N:P呈显著负相关($P<0.05$);根N:P与枝N:P呈显著正相关,而与叶C:N呈显著负相关($P<0.05$)。草本植物中(图3-5),地上部分的C:N和N:P呈显著负相关($P<0.05$),地上部分和地下部分的C:P比之间呈显著正相关($P<0.05$)。

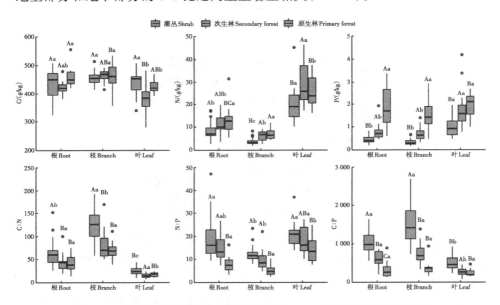

图3-3 植被恢复过程中灌木不同器官的C、N、P含量及其化学计量比

Fig. 3-3 The C, N, P contents and their stoichiometric ratios in different organs of shrubs during the vegetation restoration

图中大小写字母意思同图3-1。The letters have the same meanings as in Fig. 3-1.

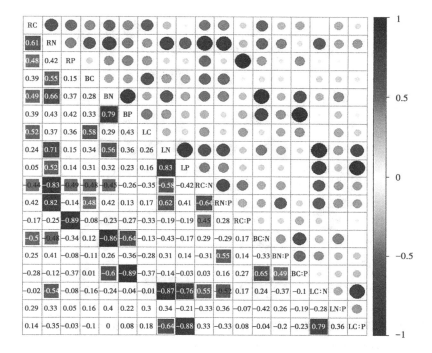

图 3-4 灌丛阶段灌木器官的 C、N、P 含量及其化学计量比之间的相关性分析

Fig. 3-4 The correlation analysis of the C, N, P content and their stoichiometric ratios in shrub organs in shrubland stage

RC、RN、RP、RC:N、RN:P、RC:P 分别是根的 C、N、P 含量及其化学计量比；BC、BN、BP、BC:N、BN:P、BC:P 分别是枝的 C、N、P 含量及其化学计量比；LC、LN、LP、LC:N、LN:P、LC:P 分别是叶的 C、N、P 含量及其化学计量比。蓝色代表正相关，红色代表负相关；颜色越深，方块面积越大，相关性越显著；左下部中仅填充标注有显著差异（$P<0.05$）的相关性系数。RC, RN, RP, RC:N, RN:P, RC:P represent the C, N, P contents and their stoichiometric ratios in roots, respectively. BC, BN, BP, BC:N, BN:P, BC:P represent the C, N, P contents and their stoichiometric ratios in branches, respectively. LC, LN, LP, LC:N, LN:P, LC:P represent the C, N, P contents and their stoichiometric ratios in leaves, respectively. Blue color denotes positive correlation, red color denotes negative correlation. The darker the color, the larger the square area, indicating a stronger correlation. In the bottom left section, only significant correlations ($P<0.05$) are filled and marked with significance.

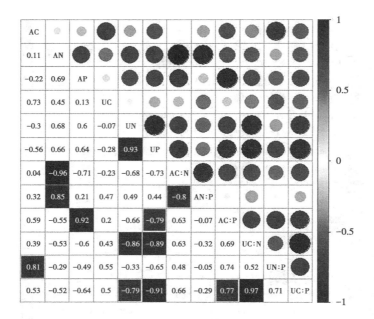

图3-5 灌丛阶段草本植物器官的C、N、P含量及其化学计量比之间的相关性分析

Fig. 3-5 The correlation analysis of the C, N, P content and their stoichiometric ratios in herb organs in shrubland stage

图中字母组合的意思同图3-2。The meanings of the letter combinations are same as in Fig. 3-2.

在次生林阶段,乔木C含量表现为茎>枝>根>叶,N和P含量均表现为叶>根>枝>茎(图3-6);灌木中的C含量表现为枝>根>叶,N和P含量均表现为叶>根>枝,乔木和灌木不同器官的C、N、P含量均存在显著差异(图3-3)。次生林林下草本植物地上部分C、N、P含量均高于地下部分,但两者间均无显著差异(图3-1)。次生林不同生活型植物器官C含量表现为乔木>灌木>草,N含量表现为草>灌木>乔木(除叶以外),在P含量表现为草>灌木>乔木。

对于次生林C:N:P化学计量比,其乔木与灌木C:N和C:P均表现出一样的变化趋势,乔木为茎>枝>根>叶,灌木为枝>根>叶;乔木N:P表现为叶>根>茎>枝,灌木为叶>根>枝,并且乔木与灌木不同器官间C:N、N:P和C:P均存在显著差异($P<0.05$)(图3-6;图3-3)。草本植物的C:N、N:P和C:P均表现为地下部分>地上部分,且两者间无显著差异($P>0.05$)(图3-1)。就N:P来看,草本植物的地上、地下部分N:$P<14$,灌木和乔木枝的N:$P<14$;灌木根和乔木茎表现为$14<$N:$P<16$;灌木的叶、乔木根和叶的N:$P>16$(图3-1;图3-3;图3-6)。

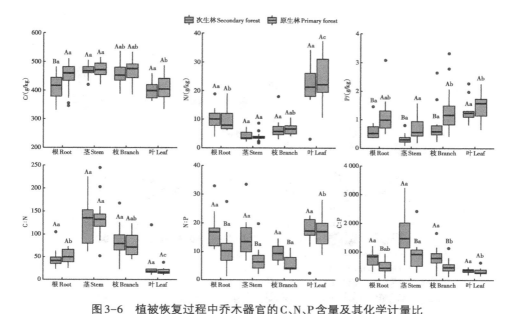

图 3-6 植被恢复过程中乔木器官的 C、N、P 含量及其化学计量比

Fig. 3-6 The C, N, P contents and their stoichiometric ratios in different organs of trees during the vegetation restoration

图中大小写字母意思同图 3-1。The letters have same meanings as in Fig. 3-1.

次生林阶段的乔木、灌木和草本植物各器官 C、N、P 含量存在一定的相关性，不同器官中的同种元素都呈正相关关系（图 3-7；图 3-8；图 3-9）。乔木中（图 3-7），根的 C 和 N 含量、N 和 P 含量，根 P 含量与茎 N、茎 P、叶 P 含量等均呈显著正相关（$P<0.05$）；茎 C 含量同茎 P 含量呈显著负相关（$P<0.05$）。灌木中（图 3-8），根 N 含量与叶 N 含量，叶的 N 和 P 含量呈显著正相关（$P<0.05$）。草本植物中（图 3-9），地上部分的 C 和 P 含量呈显著负相关（$P<0.05$），地上和地下部分的 N 含量呈显著正相关（$P<0.05$）。

乔木中（图 3-7），各器官的 C、N、P 计量比间多呈负相关关系，根 C:N 与根 C:P、茎 C:N，根 C:P 与茎 C:N、枝 C:N、叶 C:P 呈显著正相关（$P<0.05$），而叶的 C:N 同 N:P 呈显著负相关（$P<0.05$）。灌木中（图 3-8），枝的 N:P 和 C:P，枝 C:P 与叶 N:P，叶 C:P 分别与叶 C:N 和叶 N:P 呈显著正相关（$P<0.05$）。草本植物中（图 3-9），仅地上部分的 C:N 同 C:P 呈显著正相关（$P<0.05$）。

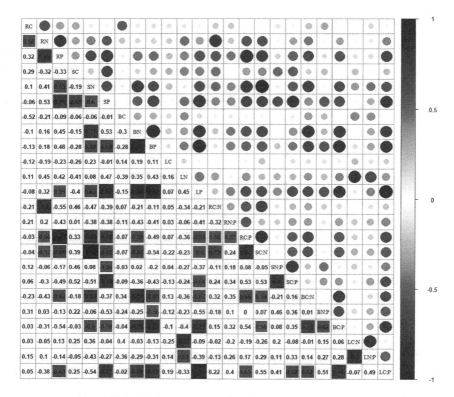

图 3-7 次生林阶段乔木器官 C、N 和 P 含量及其化学计量比之间的相关性分析
Fig. 3-7 The correlation analysis of the C, N, P content and their stoichiometric ratios in tree organs in secondary forest stage

图中 SC、SN、SP、SC:N、SN:P、SC:P 为植物茎的 C、N、P 含量及其化学计量比，其他意思同图 3-4。
SC, SN, SP, SC:N, SN:P, and SC:P represent the C, N, P contents and their stoichiometric ratios in plant stems. Others are same as in Fig. 3-4.

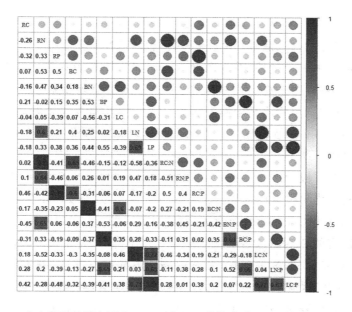

图3-8 次生林阶段灌木器官C、N、P含量及其化学计量比之间的相关性分析
Fig. 3-8 The correlation analysis of the C, N, P content and their stoichiometric ratios in shrub organs in secondary forest stage

图中字母组合的意思同图3-4。The meanings of the letter combinations are same as in Fig. 3-4.

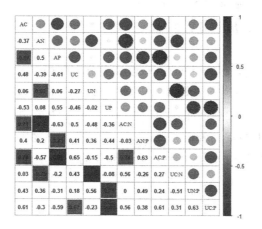

图3-9 次生林阶段草本植物器官C、N、P含量及其化学计量比之间的相关性分析
Fig. 3-9 The correlation analysis of the C, N, P content and their stoichiometric ratios in herb organs in secondary forest stage

图中字母组合的意思同图3-2。The meanings of the letter combinations are same as in Fig. 3-2.

在原生林阶段,乔木各器官C含量表现为茎>枝>根>叶,N、P含量均表现为叶>根>枝>茎(图3-6);灌木C含量呈现枝>根>叶,N、P含量均呈现叶>根>枝(图3-3)。除灌木的P含量外,乔木和灌木不同器官C、N、P含量均存在显著差异($P<0.05$)(图3-3;图3-6)。草本植物(图3-1)地上部分C含量低于地下部分,地上部分N和P含量则均高于地下部分,其中仅P含量存在显著差异($P<0.05$)。原生林植物器官C含量表现为灌木>乔木>草,N和P含量在不同生活型之间的表现与次生林一致。

在原生林阶段,乔木(图3-6)与灌木(图3-3)的C:N、C:P和N:P比大小在不同器官间变化与次生林一致。除灌木不同器官的C:P外,乔木与灌木不同器官的C:N、N:P和C:P均存在显著差异($P<0.05$)(图3-3;图3-6)。草本植物(图3-1)不同器官的C:N、N:P和C:P均表现为地下部分>地上部分,仅C:P存在显著差异($P<0.05$)。就N:P来看,草本植物地上和地下部分,灌木根和枝,乔木根、茎和枝的N:P<14,灌木叶N:P大于14,小于16,乔木叶N:P>16。

相关性分析表明,乔木(图3-10)根C含量分别与茎N、枝C含量,根与叶的N含量,根与茎P的含量,茎同枝的C含量,茎和叶的N含量间均呈显著正相关($P<0.05$);枝P含量分别同根和枝C含量呈显著负相关($P<0.05$)。灌木中(图3-11),根C含量分别同根和叶P含量呈显著负相关($P<0.05$);根N含量分别同根P、枝N、叶N含量呈显著正相关($P<0.05$)。草本植物中(图3-12),地下部分N含量同地上部分P含量呈显著正相关($P<0.05$),而地下部分N和P含量呈显著负相关($P<0.05$)。

乔木中(图3-10),根和叶的C:N,根N:P分别同根茎N:P、C:P,茎N:P分别同茎C:P、枝N:P均呈显著正相关($P<0.05$);茎C:N同枝N:P,茎N:P同叶C:N均呈显著负相关($P<0.05$)。灌木中(图3-11),叶C:P分别同根N:P、根C:P、叶N:P,根N:P和C:P均呈显著正相关($P<0.05$)。草本植物中(图3-12),地上部分C:N同N:P呈显著负相关($P<0.05$);地上部分的C:P分别同地下部分的N:P和C:P呈显著正相关($P<0.05$)。

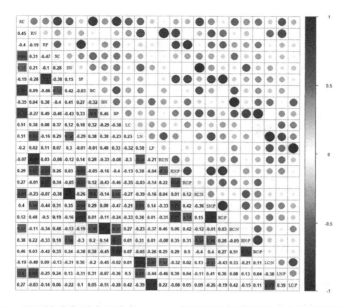

图 3-10　原生林阶段乔木器官的 C、N、P 含量及其化学计量比之间的相关性分析

Fig. 3-10　The correlation analysis of the C, N, P contents and their stoichiometric ratios in tree organs in primary forest stage

图中字母组合的意思同图 3-7。The meanings of the letter combinations are same as in Fig. 3-7.

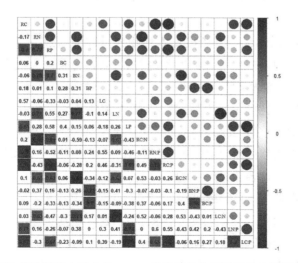

图 3-11　原生林阶段灌木器官的 C、N、P 含量及其化学计量比之间的相关性分析

Fig. 3-11　The correlation analysis of the C, N, P contents and their stoichiometric ratios in shrub organs in primary forest stage

图中字母组合的意思同图 3-4。The meanings of the letter combinations are same as in Fig. 3-4.

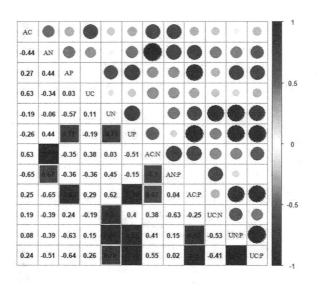

图 3-12 原生林阶段草本植物器官的 C、N、P 含量及其化学计量比之间的相关性分析

Fig. 3-12 The correlation analysis of the C, N, P contents and their stoichiometric ratios in herb organs in primary forest stage

图中字母组合的意思同图 3-2。The meanings of the letter combinations are same as in Fig. 3-2.

3.3.2 不同恢复阶段间器官 C、N、P 含量及其生态化学计量比的比较

由图 3-1 可知，不同恢复阶段草本植物地上部分与地下部分的 C、N、P 含量及其化学计量值均表现出一致的变化趋势，其 C 含量表现为次生林<原生林<灌丛<草丛、N 含量为草丛<灌丛<次生林<原生林、P 含量为灌丛<草丛<次生林<原生林；C:N 表现为次生林<原生林<灌丛<草丛、C:P 表现为原生林<次生林<草丛<灌丛，同一器官在各阶段间均存在显著差异（$P<0.05$）。就 N:P 来看，地上、地下部分分别表现为原生林<次生林<草丛<灌丛、草丛<次生林<原生林<灌丛，其中仅地上部分存在显著差异（$P<0.05$）。

由图 3-3 可知，不同恢复阶段灌木器官的 C、N、P 含量及其化学计量值多数均表现出相同的变化趋势。对于 C 含量，不同恢复阶段的根、枝、叶均无一致的变化规律，其中枝和叶存在显著差异（$P<0.05$）；就 N、P 含量看，不同恢复阶段的根、枝、叶均表现为灌丛<次生林<原生林，同一器官在不同恢复阶段间均存在显著差异（$P<0.05$）。就 C:N:P 计量比看，根和枝的 C:N 以及各器官的 N:P 和 C:P 均表现为原生林<次生林<灌丛，叶 C:N 表现为次生林<原生林<灌丛，同一器官

的计量比值在不同恢复阶段间均存在显著差异（$P<0.05$）。

由图3-6可知，次生林与原生林乔木器官的C、N、P含量及其化学计量比多数表现出相同的变化趋势。乔木器官C和P含量表现为次生林<原生林，且根C和P、茎P含量在不同恢复阶段存在显著差异（$P<0.05$）；茎、枝和叶N含量均表现为原生林<次生林，各器官在不同恢复阶段间均无显著差异（$P>0.05$）。就C、N、P化学计量比来看，除了枝和叶的C:N、叶N:P外，其余器官的计量值表现为原生林<次生林，其中根、茎和枝的N:P和C:P在不同恢复阶段间存在显著差异（$P<0.05$）。

3.3.3 植被恢复过程中植物器官生态化学计量特征的可塑性

如表3-1所示，植被恢复过程中植物器官N和P含量的变异系数（20%—88%）高于C含量（5%—15%）。四个恢复阶段的草本植物N和P含量变异系数均显示为地下部分>地上部分，其N:P比也存在类似规律。就灌木来看，各阶段器官N含量以及原生林器官P含量的变异系数均显示为根>枝>叶，次生林和灌丛植物器官P含量的变异系数则显示叶的变异系数更高；各阶段器官C:N与N:P以及原生林器官C:P的变异系数同样表现为根>枝>叶，但灌丛和次生林C:P的变异系数则刚好相反，表现为叶>枝>根。就乔木来看，原生林植物器官N和P含量的变异系数均显示为根最大，其余器官相对较小；次生林植物器官N和P含量的变异系数均表现为枝>茎>根>叶，乔木器官的C:N均以叶最大，但N:P与C:P反而以茎最大，叶最小。

3.3.4 植被恢复过程中植物器官生态化学计量的内稳性

由表3-2可看出，植被恢复过程中植物器官的C、N、P及其化学计量比多具有内稳性特征，C的化学内稳性最高，且当同一器官内N和P内稳性皆存在时，N的化学内稳性明显高于P，多数器官N:P的内稳性较C:N、C:P高。草丛阶段地上、地下部分的C和N以及地下部分的N:P和C:P均属稳态型，地下部分的P属弱敏感型，其余的内稳性指数不存在。

在灌丛阶段，灌木的根C、枝N:P、枝C:P和叶C:P属弱稳态型，枝C、叶C、根P和根C:P均属稳态型，枝P和叶N:P属弱敏感型，其余的内稳性指数不存在；草本植物中，地上部分和地下部分的C，地上部分的C:P以及地下部分的C:P和N:P属稳态型，地上部分的P和地下部分的C:P属弱稳态型，其余的内稳性指数不存在（表3-2）。

表3-1 植被恢复过程中植物器官C、N和P含量的变异系数

Table 3-1 Coefficient of variation of C, N and P contents in plant organs during vegetation restoration

恢复阶段 Recovery stage	生活型 Life form	器官 Organ	变异系数 Coefficient of variation/%					
			C	N	P	C:N	N:P	C:P
草丛 Grassland	草 Herb	地上部分 AP	5.43	44.26	38.82	58.27	54.70	34.13
		地下部分 UP	4.03	42.30	75.26	47.34	68.24	48.99
灌丛 Shrubland	灌木 Shrub	根 Root	11.66	49.28	31.88	47.76	48.66	27.06
		枝 Branch	5.10	38.84	37.60	33.98	30.25	35.86
		叶 Leaf	9.92	41.16	37.49	34.81	24.66	36.46
	草 Herb	地上部分 AP	6.00	30.62	16.37	30.92	22.65	19.59
		地下部分 UP	8.37	37.03	40.57	49.48	19.04	65.34
次生林 Secondary forest	乔木 Tree	根 Root	11.29	39.21	49.79	43.21	36.41	37.50
		茎 Stem	4.77	43.36	56.02	39.03	48.41	63.55
		枝 Branch	8.99	57.28	80.77	43.62	31.12	48.74
		叶 Leaf	7.95	34.32	30.39	109.46	33.03	24.79
	灌木 Shrub	根 Root	6.26	36.74	48.66	48.33	44.15	34.77
		枝 Branch	5.04	33.84	43.90	42.21	48.33	40.39
		叶 Leaf	14.12	33.67	54.87	35.51	32.90	44.23
	草 Herb	地上部分 AP	11.20	21.99	32.52	31.80	26.91	38.86
		地下部分 UP	12.22	36.49	42.93	39.20	44.51	52.44
原生林 Primary forest	乔木 Tree	根 Root	11.55	42.58	88.07	33.09	61.30	52.24
		茎 Stem	6.68	41.64	51.70	33.31	61.20	57.91
		枝 Branch	9.12	30.34	60.23	33.27	49.64	56.19

续表

恢复阶段 Recovery stage	生活型 Life form	器官 Organ	变异系数 Coefficient of variation/%					
			C	N	P	C:N	N:P	C:P
原生林 Primary forest	乔木 Tree	叶 Leaf	11.23	32.53	29.33	38.11	32.56	38.95
	灌木 Shrub	根 Root	8.23	52.93	47.04	45.22	47.23	69.84
		枝 Branch	10.62	32.03	45.92	28.14	48.47	56.79
		叶 Leaf	6.03	28.67	29.83	25.78	39.69	40.67
	草 Herb	地上部分 AP	9.39	24.69	21.67	31.31	24.44	22.74
		地下部分 UP	5.73	48.58	28.26	61.52	117.19	55.57

AP：地上部分 Aboveground part；UP：地下部分 Underground part。

表3-2 植被恢复过程中植物器官生态化学计量的内稳性特征
Table 3-2 The ecological stoichiometric homoeostasis in plant organs during vegetation restoration

恢复阶段 Recovery stage	生活型 Life form	器官 Organ	H_C	H_N	H_P	$H_{C:N}$	$H_{N:P}$	$H_{C:P}$
草丛 Grassland	草本 Herb	地上部分 AP	12.44	5.68	–	–	–	–
		地下部分 UP	10.91	10.64	1.35	–	32.26	13.35
灌丛 Shrubland	灌木 Shrub	根 Root	3.80	–	4.59	–	–	5.61
		枝 Branch	4.63	–	1.83	–	2.66	2.27
		叶 Leaf	5.75	–	0.90	–	1.38	2.01
	草本 Herb	地上部分 AP	10.20	–	2.61	–	–	13.51
		地下部分 UP	4.03	–	0.49	6.21	38.17	3.55
次生林 Secondary forest	乔木 Tree	根 Root	4.63	–	–	1.01	4.00	–
		茎 Stem	11.43	–	–	2.96	1.19	–
		枝 Branch	6.85	–	–	1.15	1.77	1.03

续表

恢复阶段 Recovery stage	生活型 Life form	器官 Organ	H_C	H_N	H_P	$H_{C:N}$	$H_{N:P}$	$H_{C:P}$
次生林 Secondary forest	乔木 Tree	叶 Leaf	1.96	7.16	1.26	0.16	7.03	1.30
	灌木 Shrub	根 Root	5.02	2.43	1.18	12.38	1.39	1.22
		枝 Branch	16.39	5.35	1.57	-	3.08	2.82
		叶 Leaf	6.71	-	3.79	-	5.41	4.08
	草本 Herb	地上部分 AP	2.31	21.74	1.53	1.87	1.97	-
		地下部分 UP	1.05	-	15.63	1.27	2.14	3.85
原生林 Primary forest	乔木 Tree	根 Root	8.26	1.35	-	1.37	3.85	3.15
		茎 Stem	10.75	1.43	-	-	13.48	2.71
		枝 Branch	11.36	3.58	13.70	6.41	6.41	11.63
		叶 Leaf	333.33	3.38	1.10	1.91	5.53	3.37
	灌木 Shrub	根 Root	4.16	42.19	-	-	-	-
		枝 Branch	200.00	3.12	-	1.69	1.22	1.30
		叶 Leaf	10.43	5.40	-	2.59	1.11	1.32
	草本 Herb	地上部分 AP	18.52	9.52	5.24	23.64	68.97	45.45
		地下部分 UP	1 000.00	1.87	-	1.28	3.92	7.35

"-"表示该器官对应指标不具内稳性。"-" indicates that the corresponding index of the organ is not internally stable. AP:地上部分 Aboveground part；UP:地下部分 Underground part。

在次生林阶段,乔木的根、茎、枝的C和叶N及根N:P属稳态型,茎C:N属弱稳态型,叶C、枝N:P属弱敏感型,根C:N、叶C:N、茎N:P、枝C:P和叶C:P属敏感型。灌木的根、枝、叶的C,枝N、根C:N、叶N:P和叶C:P属稳态型,根N、叶P、枝N:P和枝C:P属弱稳态型,枝P和根N:P属弱敏感型,叶P和根C:P属敏感型。草本植物中,地上部分的N和地下部分的P属稳态型,地上部分的C和地下部分的C:P属弱稳态型,地上部分的P、C:N和N:P属弱敏感型,地下部分的C和C:N属敏感型(表3-2)。

在原生林阶段，乔木器官的C，茎、枝和叶的N:P，枝P、枝C:N及枝C:P属稳态型；枝N、叶N、根N:P以及根、茎、叶的C:P属弱稳态型，根N、茎N及根和叶的C:N属弱敏感型，叶P属敏感型，其余的内稳性指数不存在。灌木器官的C以及根N和叶N属稳态型，枝N和叶C:N属弱稳态型，枝C:N属弱敏感型，枝和叶各自的N:P和C:P皆属敏感型，其余的内稳性指数不存在。草本植物地上部分各器官C、N、P及其计量比皆属稳态型；地下部分的C、N:P和C:P同样属稳态型，N属弱敏感型，C:N属敏感型，其余的内稳性指数不存在(表3-2)。

3.4 讨论

3.4.1 植物不同器官的C、N、P含量及其化学计量比

N和P是植物体内各类蛋白质和遗传物质的重要组成元素，而C是构成植物体干物质最主要的元素(Sterner & Elser, 2002；俞月凤等，2014；杨梅等，2015)。通常情况下，大多数植物体内的C含量相对较高且变异较小(Reich & Oleksyn, 2004；原雅楠等，2021)。本研究同样发现各恢复阶段植物不同器官的C含量变化均为最小，变异系数较低(5%—15%)，说明它们的可塑性较低，稳定性高，主要原因在于C作为植物体内结构性物质的主要构建元素，是植物的基本骨骼元素，受外界环境的影响相对较小(李瑞等，2018)。同一生活型木本植物内均发现叶C含量最低，根次之，茎或枝的C含量最高；草丛、灌丛和次生林的草本植物中的C含量均以地下部分最低，地上部分较高，原生林草本植物则相反。本研究中叶片的C含量范围为384.59—435.93 g/kg，均值为416.77 g/kg，低于全球陆生植物叶片平均C含量(464 g/kg)水平(Elser et al., 2000b)，大部分数值同样低于我国植物叶片C含量范围(423.8—530.2 g/kg)(刘立斌等，2019)，低于其他喀斯特植被研究所得结果(427.5—496.45 g/kg)(曾昭霞等，2015；皮发剑等，2017；吴鹏等，2020；蔡国俊等，2021)，表明弄岗喀斯特植被的木本植物叶片C储量偏低。本研究中，不同恢复阶段各器官的N和P含量变化相对较大，有较

高的变异系数(20%—88%),表明它们的可塑性较高,可见其对环境响应更为敏感。同一生活型内的木本植物 N 和 P 含量变化则与 C 相反,表现为叶的含量最高,茎或枝的含量最低,草本植物均表现为地上部分>地下部分。本研究中,叶片 N 含量范围为 19.61—29.11 g/kg,均值为 23.83 g/kg,高于全球(20.1 g/kg)和全国(18.6 g/kg)陆生植物叶片平均 N 含量(Elser et al.,2000b;Han et al.,2005),整体偏高于喀斯特相关植被研究结果(11.8—21.39 g/kg)(曾昭霞等,2015;皮发剑等,2017;吴鹏等,2020;杨勇等,2020;蔡国俊等,2021)。本研究中,植物叶片 P 含量范围为 0.97—1.96 g/kg,均值为 1.45 g/kg,低于全球陆生植物叶片平均 P 含量(1.8 g/kg)水平(Elser et al.,2000a),高于全国陆生植物叶片平均 P 含量(1.21 g/kg)水平(Han et al.,2005),范围与其他喀斯特植被研究所得结果(0.7—1.73 g/kg)相对一致(曾昭霞等,2015;皮发剑等,2017;吴鹏等,2020;杨勇等,2020;蔡国俊等,2021)。N、P 的高度变异,同喀斯特的高度生境异质性有着密切联系。本研究中的根、茎和叶 C、N 和 P 含量均值均大于皮发剑等(2015)在贵州黔中喀斯特地区森林针对 10 种优势树种研究所得结果,但与蔡国俊等(2021)在贵州黔南喀斯特森林针对 3 种建群树种的研究结果相比,本研究中木本植物各器官的 C 含量偏低,根、茎和叶的 N 和 P 的含量均值明显偏高,枝 N 含量偏低,但枝 P 含量则同样偏高。不同区域间植物器官元素含量的差异同样反映了喀斯特环境的高度生境异质性,且其差异原因还与地理背景、干扰类型、管理方式等有着紧密联系。

N 和 P 是生态系统重要的限制性元素,C、N、P 化学计量比是评估 N 和 P 变化的有效方法(Reich & Oleksyn,2004;Han et al.,2005)。植物叶片的 C:N 和 C:P 表征植物吸收 N、P 时所能同化 C 的能力及固 C 效率的高低,可反映植物的生长速率和养分利用率,较高的 C:N 和 C:P 对应较低的生长速率和较高的养分利用率(蔡国俊等,2021;俞月凤等,2022)。McGroddy 等(2004)综合温带阔叶林、温带针叶林和热带森林的叶片数据,得出全球陆地植物叶片 C:N、N:P 和 C:P 的均值分别为 22.5、13.8、232.0。本研究中木本植物叶片的 C:N 范围为 14.70—26.12,均值为 20.51,低于全球陆生植物叶片 C:N 平均水平(McGroddy et al.,2004)以及贵州喀斯特森林研究结果(26.93—30.52)(皮发剑等,2017;吴鹏等,2020)。本研究中木本植物叶片的 N:P 范围为 14.43—20.60,均值为 17.76,高于全球和全国(14.4)陆生植物叶片平均 N:P 含量(McGroddy et al.,2004;Han et al.,2005),以及贵州喀斯特森林研究结果(9.75—12.75)(皮发剑等,2017;吴鹏等,2020),同样高于俞月凤等(2022)在桂西北喀斯特不同退化程度植被中的研究结果(10.82—13.51,均值为12.11)。本研究中,木本植物叶片C:P的范围为242.88—507.37,均值为343.74,其与全球和贵州喀斯特森林研究的比较结果与N:P类似。上述结果表明,喀斯特不同恢复阶段的植被主要受P的限制,由于植物P主要来源于土壤,故本研究结果再次佐证了中国土壤P含量较国外低(Han et al.,2005)。另外,本研究中叶片C、N和P化学计量分析结果与同在广西的环江喀斯特地区的研究结果(曾昭霞等,2015)接近,表明地域差异会对植物C、N和P的含量及其分配策略产生影响,而这是由诸多生物、非生物因素耦合作用的结果(刘超等,2012;Zou et al.,2021)。

植物的最适生长需要一定的N:P比,器官中的N:P阈值被作为判断环境对植物生长的养分供应状况的表征指标(Güsewell,2004)。当植物N:P>16时,植物生长倾向于受到P限制,而N:P<14时,植物生长倾向于受N限制,当14<N:P<16时,植物生长可能受N、P的共同限制或不受两者的限制(Koerselman & Meuleman,1996)。另一类划分方法是以10和20来划分N、P限制,该方法的误差风险较低(李瑞等,2018;田地等,2021)。本研究发现,不同器官的受限元素并不相同,木本植物中茎(10.86)和枝(9.25)表现为受N限制,而根(14.84)可能共同受N、P限制或者均不受二者限制,叶(17.76)则表现为P限制;草本植物均表现为受N限制。在本研究区的N水平相对充足而P相对缺乏的情况下,这些器官表现为P缺乏。若以第二类划分方法(10和20)来划定限制元素,则表明木本植物乃至各个器官都共同受到N和P限制,而越活跃器官(如根和叶),其N限制趋向减弱,P限制趋向增强,专司存储、支持与运输功能的茎和枝刚好相反。

如果特定的元素是有限的,植物表现出一定程度的可塑性和稳态,并且可以自我调节元素的分配以适应环境(Zhang et al.,2018c)。按照最优分配理论,当植物生长所需的因素成为限制因素时,植物总是将营养元素、合成产物优先分配到能获得该限制性元素的器官(李海亮等,2018)。就器官水平看,本研究中不同恢复阶段植物叶片(包括草本植物地上部分)分配有较低的C以及较高的N和P,以保证其能储存更多水分,进行光合作用,符合元素分配假说,即越活跃的器官,分配的营养元素更多(何念鹏等,2018),与Zhang等(2018)、皮发剑等(2015)和蔡国俊等(2021)的研究结果较为一致。植物根系的C、N、P虽处于植物营养分配的中等水平,但其变异系数却远大于其他器官,即其可塑性更高,符合元素可塑性假说(何念鹏等,2018),与Zhang等(2018)的研究结果一致。限制元素稳定性假说认为限制元素在植物体内的含量具有相对稳定性,其对环境变化的响应较为稳定,变异较小。俞月凤等(2022)在喀斯特不同退化程度群落中发现叶片N和P具有相对稳定性进一步验证了该假说。然而本研究中发现N和P是限制不同恢复阶段植被的重要限制元素,但它们的变异相较于C更大,且不同器官存在不同变化,说明限制元素稳定性假说不适用于本研究。C元素在各植被恢复阶段各器官中含量最高且变异不大,与蔡国俊等(2021)的研究结果基本一致。

  生物群落中C、N、P化学计量的诊断可反映出养分可用性的宏观变化(Elser et al.,2000a)。生长速率理论认为,生物体C、N、P比值与生长率有很强的关系,新陈代谢速率快的器官具有较低的C:N、C:P和N:P(Sterner & Elser,2002)。本研究中,木本植物中各器官的C:N和C:P均表现为茎或枝最高,叶最低,说明木本植物叶的生长速率是最快的,然而N:P则刚好相反,表现为叶最高,枝最低,这与生长速率假说不符。Zou等(2021)在环江喀斯特灌木中也发现类似结果,这同叶片所能分配的N和P更多有着紧密联系。植物体内的N和P通常为正相关关系,但在本研究中发现不同阶段各生活型植物器官的N和P的相关性强弱不等,这或许同植物N和P呈异速增长关系有关(Zhang et al.,2018b)。此外,喀斯特地区土壤N和P相对较低可能也会对植物体内的N和P含量产生影响,进而影响其计量比。植物体内C含量相对稳定已得到本研究及诸多学者的研究证实(蔡国俊等,2021;原雅楠等,2021),可见,利用元素化学计量比判断植物内器官生长速率时,使用C:N和C:P更能反映植物生长情况。草本植物中,C:N和C:P均表现为地上部分小于地下部分,表明地上部分的生长速率更高,地下部分的C固存能力更强。草本植物生命周期相对较短,采用快速生长策略,因而将更多的干物质以及N、P元素分配给地上部分,主要服务于其短暂的生命活动。本研究中还发现原生林内的草本植物地下部分的C含量高于地上部分,这可能主要因原生林内生态位分化已相对固定,植被冠层茂密,木本植物占据着更大的生态空间,草本植物所能获取的光照多来源于林内折射与漫反射,所获阳光直射较少且直射时间也相对较短,其通过存储更多的干物质在地下部分,保证通过根系获取更多的营养物质以维持正常生命活动。

3.4.2 不同恢复阶段不同生活型植物C、N、P含量及其化学计量比

  不同植被恢复时期同生活型植物各器官的C、N、P含量及其化学计量比都有一致的变化趋势。植物C含量越高,表明其所贮存干物质越多,抗干扰能力

越强。本研究发现,就 C 含量来看,总体变异不大,草本植物中的 C 含量随植被恢复而减少,以次生林草本植物最少,这表明草丛阶段植物将更多的 C 投资于自身干重的增长,并以此满足自身生长需求,适应相对贫瘠的环境并应对外界干扰,而其他植被恢复阶段的林下草本则将更多的合成产物投资于资源争夺当中。灌木与乔木中各器官的 C 含量随植被恢复而增加,其主要原因在于随着植被恢复,植被所受干扰趋向减少,植物体内所积累的合成产物更多,但次生林灌木的根和叶的 C 含量较低,这或许与该阶段群落生态位仍不稳定,灌木与乔木争夺资源更激烈有关,灌木通过分配更多的 N 和 P 到根与叶当中,加快光合作用速率和抢夺地下营养成分。各生活型植物器官的 N、P 含量表现为随植被恢复而增加,变异较大,其中灌丛和草丛、次生林和原生林之间各器官的 N、P 含量大部分差异不显著。俞月凤等(2022)发现叶片 C、N 和 P 含量随喀斯特退化程度加剧而减少,这与本研究结果较为相似。从 C、N、P 的化学计量来看,草本植物 C:N、C:P 均表现为次生林与原生林小于灌丛和草丛。根据生长速率理论可知,灌丛和草丛中的草本植物生长速率相对更低,但其资源利用效率相对更高,这或许主要缘于草丛和灌丛阶段的土壤更为贫瘠,无法提供足够的营养,所产生的有限营养最大限度地投资于其生命活动;而次生林与原生林中土壤营养成分虽相对较高,但其林下资源竞争更为激烈,草本植物需通过消耗更多的 N 和 P 换取快速生长以争夺有限资源,所以有着更低的 C:N 和 C:P;灌丛中草本植物的 N:P 更高,草丛植物相对较低,这可能同灌丛土壤中 N 相对充足,而草丛土壤本身相对贫瘠,N 含量更低有关。灌木植物中,灌丛的 C、N、P 化学计量比最高,意味着灌丛中灌木的生长速率较慢,对资源的利用效率较高,固 C 能力相对更强,灌木作为灌丛的优势类群,占据更大的优势,而次生林与原生林中,灌木处于群落中下层,可利用资源相对有限,竞争压力更大,需消耗更多的 N 和 P。乔木植物中,次生林的枝和叶 C:N 较原生林低,而 N:P 反之,说明次生林中乔木主要通过枝和叶获取外部资源以促进自身生长,原生林与次生林相似,但由于群落内生态位已相对固定,其生长速度较次生林慢。

在同一植被恢复阶段内不同生活型植物的 C、N、P 含量及其化学计量比同样有所差异。就 C 含量来看,木本植物的 C 含量更高,各植被恢复阶段内皆表现为木本植物>草本植物,乔木>灌木,这是由木本植物生长需要合成、积累更多结构性物质所决定的,而草本植物体内本身缺乏木质成分。N 和 P 含量刚好与 C 含量相反,除叶片 N 含量明显偏高外,同一恢复阶段 N、P 含量均表现为草本植物>木本植物,灌木>乔木,这主要缘于草本植物的生命周期较短,对N和P的需求量更大,吸收能力也更强(李瑞等,2018),这与韩文轩等(2009)和张珂等(2014)的研究结果类似。就计量比来看,同一植被恢复阶段内不同生活型植物C:N和C:P的变化与C含量相似,草本植物更低的C:N和C:P进一步证明同一植被恢复阶段内草本植物的生长速率更快,对N和P的需求更大,木本植物刚好与之相反。总的来看,同一恢复阶段内不同生活型植物体内的N:P并无太大区别,因植物体内的N和P主要来源于土壤,故N和P含量及N:P的大小与植物生长区域的土壤养分有着紧密联系。

由N:P阈值(14和16)来看,随着植被的恢复,群落内同一生活型群落的同一器官的N:P趋向减小,倾向于N限制,以木本植物最明显,群落冠层优势种的活跃器官(根和叶)的P限制最强。以生活型来看,乔木中,原生林的叶N:P较次生林高,且两者的叶均表现为P限制,但根、茎、枝均表现为原生林<次生林,说明原生林中的根、茎、枝的养分利用率更高;灌木中,根、茎、叶均表现为原生林<次生林<灌丛,其中灌丛根、叶以及次生林的叶表现为受P限制,且随着植被恢复,各器官倾向于减弱P限制、加强N限制;草本植物中,除去灌丛阶段的地上部分(14.97)外,各个恢复阶段的地上、地下部分均表现为受N限制。若以第二类N:P阈值(10和20)来看,各植被恢复阶段内植被皆表现为受N和P的共同限制,且随着植被恢复,各生活型植物器官同样均倾向于N限制,但不同器官会有不同的变化趋势,即活跃器官更倾向于受P限制。综合来看,各植被恢复阶段的主要限制元素不同,而不同器官同样有着不同的限制元素。俞月凤等(2022)研究提出喀斯特不同退化程度植被叶片中发现叶片主要受N限制,且退化越严重,N限制越强。但总体来看,除灌丛外,各植被恢复阶段主要受N限制,与俞月凤等(2022)的研究结果类似。

3.4.3 喀斯特植被恢复过程中生态化学计量的内稳性

化学计量内稳性理论认为,生物在变化的养分环境中具有保持体内养分组成相对稳定的能力(Sterner & Elser,2002)。现在的研究常用内稳性指数(H)来表征群落内植物各个器官与其所处环境间的养分转移、交换关系,可借助该指数进一步探究植物与环境间的相互关系,植物体内养分分配策略(原雅楠等,2021)。植物生长策略、敏感程度的不同导致其内稳性的不同,内稳性可控制生物体内元素比例(王宝荣等,2017)。一般而言,植物体内含量较高的元素的内稳性较含量低的元素高,本研究中同一器官内各元素的内稳性大体表现为 $H_C > H_N > H_P$,这与植物各器官变化和土壤含量的变化是相对应的。此外,本研究还发现C、N、P计量比较其自身含量的内稳性更高,表明植物在生长过程中按照一定的比例对自身营养元素进行调控,但该调控需在植物体内存在内稳性的前提下进行,这与外界环境养分以及植物自身元素含量有紧密联系。本研究中,研究群落内所有器官的C含量均具有内稳性,且绝大多数均属于稳态型,说明C的稳定性更高。相比之下,N和P的内稳性较低,且其变异系数较高。部分研究认为变异系数与内稳性指数在某种程度上可以通用,并采用变异系数衡量内稳性(Han et al.,2005;刘璐等,2019),综合本研究可进一步证实,变异越小的元素,其内稳性更高,但由于内稳性还受植物所处环境条件的影响,可能会存在些许差异。叶片养分稳定假说认为,叶片养分含量相比根和茎养分含量更稳定,对外界环境条件的响应程度更低(田地等,2021),即植物叶片的内稳性较高,变异系数较小。本研究中仅灌丛阶段灌木的 H_C、次生林阶段灌木的 H_P 以及原生林阶段的 H_C 和 H_N 符合该假说,表明该假说无法完全适用于解释喀斯特植被的养分分配模式。

根据养分限制性假说,即植物对易受限制的元素的控制能力较强(张婷婷等,2022),可见除去C元素外,N或P是各阶段植物的主要控制元素。草丛阶段草本植物更易受N的控制(稳态型),对应其前面根据N:P阈值所提的受N限制;灌丛阶段植被表现为灌木和草本植物均更易受P限制,与前面根据N:P阈值所提的限制结果有所区别(灌木枝与草本植物受N限制,或可能共同受N和P限制);次生林阶段中,乔木叶、灌木的根和枝以及草本植物地上部分均受N和P的限制,但N限制明显更强($H_N > H_P$),灌木叶和草本植物地下部分则受P限制,乔木的根、茎、枝并未表现出保持体内N和P稳定的能力,这与前面根据N:P阈值所提的限制结果有较大区别。由上述结果可知,以N:P阈值判断限制元素的做法并不完全适用于本研究,若要探究植物体内更深层次的生长策略应进一步结合内稳性加以探究。综合来看,环境中养分含量越缺乏,植物则越会加强体内对应元素的控制,以满足体内正常生命活动,而对环境中养分含量相对丰富的元素则刚好相反,本研究中草丛阶段的N与P均相对较低,但主要表现为受N限制,灌丛阶段土壤N含量更高,主要表现为受P限制,次生林与原生林的P含量更高,主要表现为受N限制。

在不同植被恢复阶段,上层植被占据更多的生长空间,其生长速度相对其他层次植被更快,为应对资源竞争,各层植被采取不同的生长策略。草丛阶段植被将更多的营养元素分配给地上部分,地上部分也有着更快的生长速率。灌丛阶段植被中,灌木拥有更多的资源配置权,并将养分分配给更活跃的叶片,植物整体处于快速生长阶段,并不断从环境中获取养分,其生产的营养物质更多用于生长,进而占据更多生存空间,整体的稳态偏低;草本植物生长策略与草丛阶段相似,但由于与灌木存在竞争,其内稳性较低。次生林阶段中,乔木中仅叶片C、N和P都具有内稳性,根、茎和枝仅C具有稳定型内稳性,可见乔木将大部分的N和P用于投资叶片生长,并将生产的营养物质存储于根、茎和枝当中,部分的N和P还被投资于根部,以满足根部横向与纵向生长,获取土壤养分;灌木因竞争优势较弱,获取上层资源受限,故将分配给叶片的资源部分转移分配于根和枝当中,其中枝的元素内稳性更高,可见灌木采取增加分枝,获取横向空间的策略以应对群落内的资源竞争;草本植物生长策略与草丛、灌丛阶段相似,但其资源分配开始倾向于地下部分。原生林群落中,各生活型植被已生成各自的适应性策略,与次生林阶段的相似,且皆处于稳定状态,群落整体的生长速率较其余恢复阶段缓慢(元素计量比偏低,对应内稳性较高);草本植物的资源投资仍以地上部分为主,但将更多的C储存于地下部分以拓展地下资源获取空间。

总的来看,在广西弄岗北热带喀斯特植被恢复进程中,草丛、灌丛最容易受外界干扰,稳定性较差,但灌丛阶段更易受外界环境营养成分变化的影响,是人为干预下开展植被恢复的最佳阶段。针对各恢复阶段植被的限制元素,应在灌丛阶段注重P素供应,在次生林与原生林中注重N素供应,但考虑到不同器官的限制元素有所不同,在各阶段应均按照不同比例供应N与P,可促进退化植被的快速恢复。

第四章

植被恢复过程中植物叶片-凋落物-土壤连续体的生态化学计量特征

4.1 引言

植被恢复是植物和土壤环境的协同过程,可以改善退化生态系统的营养循环和提高土壤质量。生态系统组分(植物、凋落物和土壤)的养分及其循环调节着植物的生存和生长以及植被恢复中的各种生态过程(Chen et al.,2018b)。植物化学计量特征可以表征植物维持内部化学计量稳定性的能力,同时反映其对环境变化的适应性(Elser et al.,2010;Sterner,2017)。凋落物是土壤与植物间物质交换的枢纽,也是生态系统有机碳和养分的储藏库(杨玉盛等,2004),对生态系统有机质贮存和养分循环等起着重要作用(Melillo et al.,1982)。土壤是陆地生态系统的一个重要因素(Gusewell,2004),土壤养分的积累主要来自各种形式凋落物的归还,其C、N、P的化学计量比受土壤类型、植被群落特征和植被发育阶段等的强烈影响(王绍强和于贵瑞,2008;Silva et al.,2016)。植物养分需求量、土壤养分供应量、植物对养分需求的自我调节,以及凋落物分解过程中养分归还量均各自发生变化并相互影响,使植物-凋落物-土壤连续体养分含量研究极具复杂性,生态化学计量学为揭示元素在生态过程中的计量关系和规律提供了一种有效的手段(曾昭霞等,2015)。

为了解养分的变化特征,需对不同环境中凋落物养分归还、土壤养分供应和植物养分需求之间的转换进行研究(Xiang et al.,2015)。在各种元素中,土壤C、N、P为重要组成部分,土壤C、N、P化学计量比可以反映土壤肥力和植物营养状况等,它们之间的耦合对植被的生长和分布产生重要影响(Mooshammer et al.,2017)。在过去几十年中,诸多学者对土壤C、N和P之间的比例和关系进行了大量研究,以表明植物生长是否受到这些养分的限制(Finzi et al.,2011)。植物生长发育过程中通过根系分泌物和凋落物改善土壤部分物理和化学性质,从而促进植被恢复(辛翔等,2018)。作为养分从植物到土壤的基本载体,凋落物养分的动态交换可以实现并维持土壤养分和植物生长所需的元素比率之间的平衡（Hessen et al.，2004）。近年来，诸多学者对植物叶片、凋落物和土壤的关系进行了大量研究（Pang et al.，2020；陈婵等，2019；俞月凤等，2022）。在植被恢复方面，发现土壤C、N、P含量随植被的恢复而发生变化，土壤C:P和N:P比例存在较大的空间异质性（Zhou et al.，2018a），植物群落的正向演替促进了土壤养分的积累，植物群落的反向演替加剧了土壤退化（宋同清等，2014），而土壤养分的变化对植物叶片和凋落物的养分变化产生影响。

喀斯特地区因其独特的地质背景，生态系统具有脆弱性，植被易被破坏且不易恢复（Wei et al.，2018；Jiang et al.，2014）。有学者对我国中亚热带喀斯特地区植物和土壤的生态化学计量特征进行了一些研究（Pan et al.，2015；Zeng et al.，2016；Wang et al.，2018a），而针对北热带喀斯特植被，相关研究仍非常缺乏，对该生态系统诸多的生态过程和机理的理解还较为有限。为此，本研究目的在于：(1)明确北热带喀斯特地区不同植被恢复阶段叶片、凋落物和土壤的生态化学计量特征变化格局；(2)阐明叶片、凋落物和土壤生态化学计量特征与环境因子间的关系。研究结果有助于为加强喀斯特地区生态环境的管理和保护，为植被恢复重建管理提供理论依据。

4.2 研究方法

研究地概况、样地调查、样品采集与分析、统计分析等参见第二章。

4.3 研究结果

4.3.1 叶片、凋落物、土壤C、N、P含量及其化学计量比

4.3.1.1 叶片、凋落物和土壤的C、N、P含量

随着植被恢复,植物叶片、凋落物和土壤C、N、P呈不一致的变异格局(图4-1,4-2和4-3)。植物叶片C含量在草丛阶段最高[(449.57±23.03)g·kg^{-1}],在次生林阶段最低[(394.26±43.32)g·kg^{-1}],次生林与草丛、灌丛差异显著($P<0.05$);凋落物C含量在草丛阶段最高[(391.09±35.16)g·kg^{-1}];原生林土壤有机C含量最高[(39.05±17.43)g·kg^{-1}],与草丛阶段[(25.50±2.53)g·kg^{-1}]差异显著($P<0.05$)。植物叶片N含量随植被恢复总体呈增加趋势,草丛阶段[(12.34±5.15)g·kg^{-1}]显著低于次生林[(25.23±9.09)g·kg^{-1}]和原生林阶段[(25.33±7.54)g·kg^{-1}]($P<0.05$);凋落物C含量随植被恢复的变化与植物叶片一致,草丛阶段[(9.19±1.77)g·kg^{-1}]显著低于次生林[(16.13±1.87)g·kg^{-1}]和原生林[(15.49±0.95)g·kg^{-1}]($P<0.05$);灌丛阶段土壤N含量最高[(4.08±0.30)g·kg^{-1}]。植物叶片、凋落物和土壤P含量总体上随植被恢复而增加,且存在显著性差异($P<0.05$)。叶片、凋落物和土壤P含量最大值均出现于原生林[(1.69±0.54)g·kg^{-1}、(10.27±0.33)g·kg^{-1}、(2.21±0.23)g·kg^{-1}],叶片和凋落物最小值均出现于灌丛阶段[(0.97±0.35)g·kg^{-1}、(0.51±0.03)g·kg^{-1}],土壤P含量最小值出现于草丛阶段[(0.46±0.02)g·kg^{-1}]。

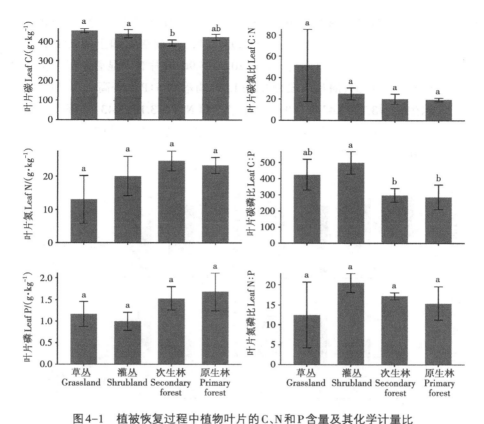

图4-1 植被恢复过程中植物叶片的C、N和P含量及其化学计量比

Fig.4-1 The C, N, and P contents and their stoichiometric ratios in leaves during the vegetation restoration

数值为平均值±标准差；不同小写字母表示不同因子之间差异显著（$P<0.05$）。Values are mean ± standard deviation (SD). Different lowercase letters indicate significant differences among various factors ($P<0.05$).

4.3.1.2 叶片、凋落物和土壤C、N、P化学计量比

由图4-1，图4-2和图4-3可知，叶片和凋落物C:N随植被恢复总体呈下降趋势，草丛叶片C:N最大（44.57±24.49），显著高于其他恢复阶段（$P<0.05$）；叶片、凋落物和土壤C:P随植被恢复均呈先升后降趋势，最大值均出现于灌丛阶段（507.37±180.52、739.79±88.99、84.20±16.74），最小值均出现于原生林（278.49±

110.74、294.99±104.20、18.41±9.93),灌丛与次生林存在显著性差异($P<0.05$)。此外,灌丛土壤C∶P显著高于草丛($P<0.05$)。叶片、凋落物和土壤N∶P随植被恢复的变化趋势与C∶P一致,灌丛阶段(20.60±4.96)叶片N∶P显著高于草丛阶段(11.80±6.09)($P<0.05$);灌丛阶段(23.42±1.97)凋落物N∶P显著高于草丛(13.89±3.81)和原生林(13.10±3.43)($P<0.05$);灌丛土壤N∶P(13.10±3.43)显著高于其余植被恢复阶段,同时草丛土壤N∶P(5.65±0.80)显著高于次生林(2.55±0.91)和原生林(1.73±0.63)($P<0.05$)。

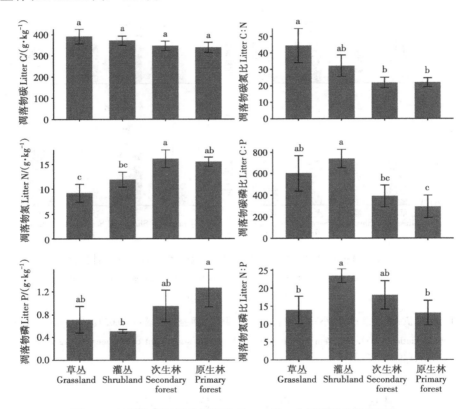

图4-2 植被恢复过程中凋落物的C、N和P含量及其化学计量比

Fig.4-2 The C, N, and P contents and their stoichiometric ratios in plant litter during the vegetation restoration

数值为平均值±标准差;不同小写字母表示不同因子之间差异显著($P<0.05$)。Values are mean ± standard deviation (SD). Different lowercase letters indicate significant differences among various factors ($P<0.05$).

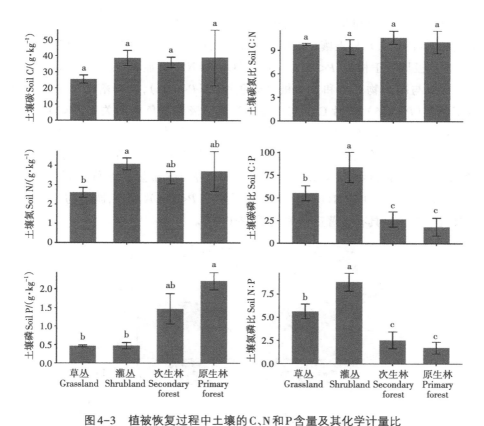

图4-3 植被恢复过程中土壤的C、N和P含量及其化学计量比

Fig.4-3 The C, N, and P contents and their stoichiometric ratios in soil during the vegetation restoration

数值为平均值±标准差；不同小写字母表示不同因子之间差异显著（$P<0.05$）。Values are mean ± standard deviation (SD). Different lowercase letters indicate significant differences among various factors ($P<0.05$).

4.3.2 叶片、凋落物和土壤C、N、P含量及其化学计量比的相关性分析

Pearson相关性分析表明（图4-4），叶片C含量与凋落物N含量极显著负相关（$P<0.01$），与凋落物C:P和C:P显著正相关（$P<0.05$）；叶片N含量与凋落物C含量显著负相关（$P<0.05$）；叶片C:P与凋落物N、P含量极显著负相关（$P<0.01$），

与凋落物C∶N、C∶P和N∶P显著正相关($P<0.05$)。叶片C含量与土壤P含量极显著负相关($P<0.01$),与土壤C∶P和N∶P显著极正相关($P<0.01$);叶片P含量与土壤P含量极显著正相关($P<0.01$),与土壤C∶P和N∶P极显著负相关($P<0.01$);叶片P含量与凋落物C∶P和N∶P极显著负相关($P<0.01$),与凋落物N、P含量显著正相关($P<0.05$);叶片C∶P与土壤P含量呈极显著负相关关系($P<0.01$),与土壤C∶P和N∶P呈极显著正相关关系($P<0.01$)。凋落物N、P含量均与土壤P含量呈极显著正相关关系($P<0.01$),均与土壤C∶P和N∶P呈极显著负相关关系($P<0.01$);反之,凋落物C∶N、C∶P和N∶P均与土壤P含量呈显著负相关关系($P<0.05$),均与土壤C∶P和N∶P呈显著正相关关系($P<0.05$),此外,凋落物N∶P与土壤有机C、N含量具有显著正相关关系($P<0.05$)。

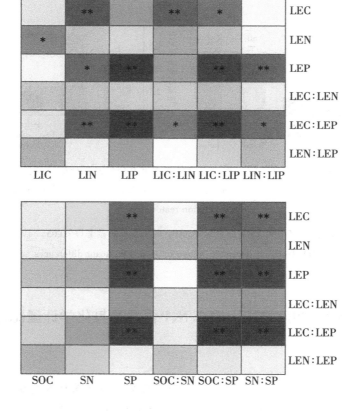

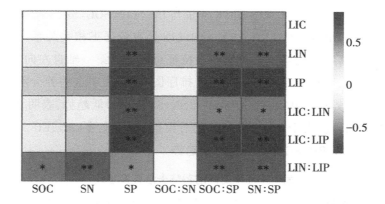

图4-4 植被恢复过程中叶片、凋落物、土壤的C、N、P含量及其化学计量比之间的相关性分析

Fig. 4-4 Correlation analysis of C, N, P contents and their stoichiometric ratios among leaf, litter, and soil during the vegetation restoration

LEC:叶片碳含量；LEN:叶片氮含量；LEP:叶片磷含量；LIC:凋落物碳含量；LIN:凋落物氮含量；LIP:凋落物磷含量；SOC:土壤有机碳含量；SN:土壤氮含量；SP:土壤磷含量。*, $P<0.05$; **, $P<0.01$。LEC: Leaf total carbon content; LEN: Leaf total nitrogen content; LEP: Leaf total phosphorus content; LIC: Litter total carbon content; LIN: Litter total nitrogen content; LIP: Litter total phosphorus content; SN: Soil total nitrogen content; SOC: Soil total organic carbon content; SP: Soil total phosphorus content. *, $P<0.05$; **, $P<0.01$.

4.3.3 叶片、凋落物和土壤C、N、P含量及其化学计量比的RDA分析

RDA分析表明(图4-5)，前两排序轴对叶片、凋落物和土壤生态化学计量特征的整体解释率为82.48%，其中，RDA1解释55.77%，RDA2解释26.71%。蒙特卡洛检验结果表明(表4-1)，环境因子对植物叶片、凋落物和土壤生态化学计量特征具有显著影响($P=0.001$)。根据层次分割结果，环境因子对解释叶片、凋落物和土壤生态化学计量的重要性从大到小排列为：pH、AN、AP、TK、EC、BD、EMg、ECa(图4-6)。土壤AP、pH、EC、AN和ECa与第一轴密切相关，EMg、TK和BD与第二轴密切相关。其中，土壤AP和pH与植物叶片C含量和凋落物C、N含量呈较强正相关关系。土壤EC和EMg含量与LEN、LEN:LEP、SOC含量等呈较

强正相关关系。土壤 AN、ECa 和 TK 含量与 LIC：LIP、SOC：SP、SN：SP 等呈正相关关系。土壤 BD 与 LIC、LEC：LEN、LIC：LIN 具有较强正相关关系。不同恢复阶段叶片、凋落物和土壤生态化学计量特征总体上沿第一轴自左向右排列，叶片、凋落物和土壤 C、N、P 养分箭头指向排序图右侧，表明这些养分随植被恢复总体呈增加趋势；而 LIC：LIP、SOC：SP 和 SN：SP 等呈降低趋势，表明 P 养分随植被恢复的增加幅度大于 C 和 N 养分。随着植被恢复，土壤 EMg、EC、AP 和 pH 呈增高趋势，而 TK、BD、ECa 和 AN 呈降低趋势。

表 4-1 环境变量的蒙特卡洛置换检验

Table 4-1 Monte-Carlo permutation test of environment variables

变量 Variables	RDA1	RDA2	R^2	P
AN	−0.885	0.073	0.730	0.001**
AP	0.584	0.048	0.320	0.018*
BD	0.298	0.734	0.535	0.001**
EC	0.490	−0.378	0.336	0.029*
ECa	−0.453	−0.043	0.192	0.160
EMg	0.379	−0.594	0.418	0.007**
pH	0.576	−0.025	0.309	0.041*
TK	−0.828	0.522	0.849	0.001**

AN，土壤铵态氮；AP，土壤速效钾；BD，土壤容重；EC，土壤电导率；ECa，土壤交换性钙；EMg，土壤交换性镁；pH，土壤 pH；TK，土壤全钾。*，$P<0.05$；**，$P<0.01$。

AN, Soil ammonium; AP, Soil available potassium; BD, Soil bulk density; EC, Soil electrical conductivity; ECa, Soil exchangeable calcium; EMg, Soil exchangeable magnesium; pH, Soil pH; TK, Soil total potassium. *, $P<0.05$; **, $P<0.01$.

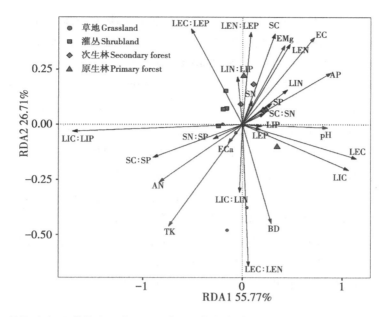

图4-5 植物叶片、凋落物和土壤C、N、P含量及其化学计量比与环境变量间的RDA排序分析

Fig. 4-5 RDA analysis of the relationships between C, N, and P contents and their stoichiometric ratios, in leaf, litter, and soil, and environmental variables

环境变量缩写同表4-1；响应变量缩写同图4-4。Environmental variable abbreviations correspond to Table 4-1; response variable abbreviations correspond to Fig. 4-4.

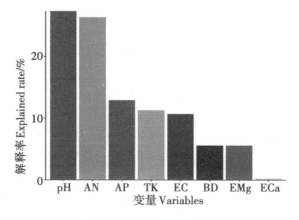

图4-6 环境变量解释叶片、凋落物和土壤C、N、P及其化学计量比整体变化的比率

Fig 4-6 The explanatory rate of environmental variables on the contents of C, N, P, and their stoichiometric ratios

环境变量缩写解释同表4-1。The abbreviations of the environmental variables are explained in the same table.

本研究进一步分析了环境因子单独对叶片、凋落物和土壤 C、N、P 及其化学计量比的影响。结果表明，环境因子对叶片、凋落物和土壤 C、N、P 及其化学计量比随植被恢复变化的解释率分别为 49.58%、81.14% 和 85.37%，前两轴（RDA1 和 RDA2）所占的比例分别为 88.42%（RDA1：57.24%；RDA2：31.18%）（图 4-7a）、95.53%（RDA1：70.14%；RDA2：25.39%）（图 4-7b）和 92.95%（RDA1：52.59%；RDA2：40.36%）（图 4-7c）。可知，环境变量与叶片、凋落物和土壤 C、N、P 及其化学计量比密切相关。其中，LEC：LEP 与土壤 AN、TK、ECa 含量呈正相关，LEC、LEN、LEP 与土壤 pH、EC 和 AP 等呈正相关（图 4-7a）。LIC：LIN 与土壤 BD、TK、ECa 和 AN 呈正相关，LIN：LIP 和 LIN 与土壤 EMg、EC 和 AP 等呈正相关（图 4-7b）。SOC 和 SN 和土壤 EC、EMg 和 pH 等呈正相关，而与土壤 AN 和 TK 具有负相关关系（图 4-7c）。凋落物和土壤 C、N、P 化学计量特征变化的主要影响变量较相似，与植物叶片相比，BD、EMg 和 ECa 对它们影响较大，而 AP 相对较小；AN、pH、TK 均对影响叶片、凋落物和土壤 C、N、P 及其化学计量比的变化起较为重要作用（图 4-8）。

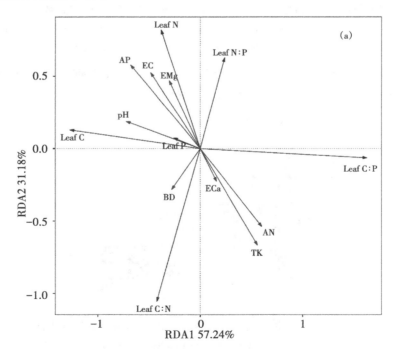

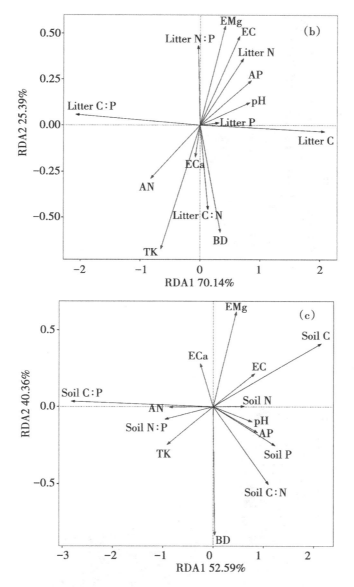

图 4-7 环境变量分别与植物叶片(a)、凋落物(b)和土壤(c)C、N、P 含量及其化学计量比的 RDA 排序分析

Fig. 4-7 RDA analysis for the relationship between environmental variables and C, N, and P contents, as well as their stoichiometric ratios in leaf (a), litter (b) and soil (c)

环境变量缩写同表 4-1；响应变量缩写同图 4-4。Environmental variable abbreviations correspond to Table 4-1; response variable abbreviations correspond to Fig. 4-4.

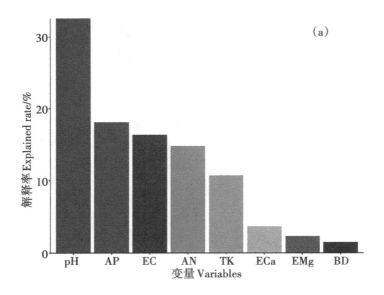

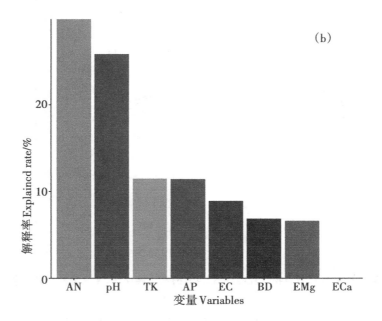

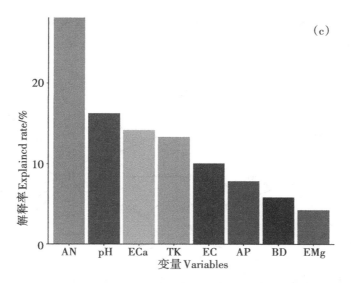

图 4-8 环境变量分别解释叶片(a)、凋落物(b)和土壤(c)的 C、N、P 含量及其化学计量比的解释率

Fig. 4-8 The explanatory rate of environmental variables on the content of C, N, P, and their stoichiometric ratios in leaf (a), litter (b), and soil (c)

环境变量缩写同表 4-1。Environmental variable abbreviations correspond to Table 4-1.

4.3.4 叶片、凋落物和土壤生态化学计量特征的结构方程模型分析

在 RDA 分析基础上，运用结构方程模型进一步探讨植物叶片、凋落物和土壤 C、N、P 及其化学计量比和影响因子之间的因果关系。PLS-PM 结果显示（图 4-9），潜变量（叶片、凋落物和土壤）均具有较高的可解释变异量（R^2）。潜变量之间的标准化路径系数表征影响程度，数值正负表示影响的方向差异；潜变量到观测变量（图中有颜色填充部分）的标准化负载系数估计值表征前者对后者的解释程度，数值正负表示解释的方向差异（孔德莉等，2021）。由此可知，植被恢复对凋落物具有显著负效应（$P<0.01$），而对土壤和叶片的影响不显著。凋落物对土壤和叶片，以及土壤对叶片的影响均为正效应。凋落物对叶片的直接效应为 0.627，间接效应（凋落物-土壤-叶片）为 0.160，总效应为 0.787，间接效应占总效应的比值较小，表明凋落物养分归还至土壤后会促进植物对养分的吸收，而此路径所起作用对于总效应而言较弱。凋落物对土壤的总效应为 0.734，表

明凋落物养分的变化对土壤养分变化起较大影响。土壤对叶片的总效应为0.218,表明土壤养分变化对叶片养分变化影响较小。

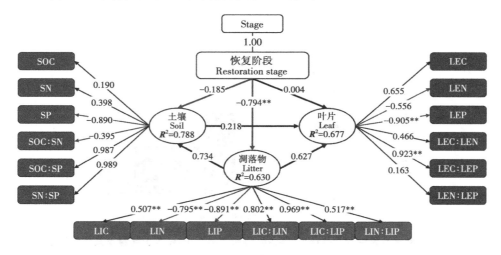

图4-9　植被恢复对叶片、凋落物和土壤C、N、P含量及其化学计量比影响的结构方程模型分析

Fig. 4-9　Structural equation modeling analysis of the effects of vegetation restoration on the content of C, N, P, and their stoichiometric ratios in leaf, litter, and soil

环境变量缩写同表4-1;响应变量缩写同图4-4。**,$P<0.01$。Environmental variable abbreviations correspond to Table 4-1; response variable abbreviations correspond to Fig. 4-4. **, $P<0.01$.

4.4 讨论

4.4.1 植被恢复过程中植物、凋落物和土壤的C、N、P含量变化

土壤养分含量的变化与分布状况影响植物的生长、发育和物质循环(曹祥会等,2017),植物通过凋落物分解和根际微生物积累等改善土壤质地及促进土壤养分的积累(McGroddy et al.,2004)。本研究中,草丛阶段土壤有机C含量较低,而凋落物C含量为所有恢复阶段最高,表明该阶段植被对土壤有机C的利用

效率较高,可能是因为草本植物相较于灌木和乔木,其寿命较短,为了快速生长,需提高光合效率,促进有机物的积累(秦海等,2010)。N、P养分对维持植物的生长代谢起到重要作用(Zeng et al.,2016),相较于草本植物,乔木的生长需保持更高的N、P含量以维持代谢所需。本研究中,随着植被恢复,叶片N、P含量增高,凋落物和土壤N、P养分含量供给的增加促进植物的吸收。同时,植被恢复过程中生物量的增加使植物需要纳入更多酶、运输蛋白质和氨基酸等富含N的物质维持其生长代谢,加大叶片对N的吸收,使叶片N含量增加(Qin et al.,2016)。植物叶片N、P含量随植被恢复呈增加趋势,展示了植被恢复过程中,植物为了更好地适应环境变化,生存策略从资源保守转变为资源快速获取的特性(Royer et al.,2010)。

  凋落物养分含量受群落优势植物及凋落物组成的影响(吴鹏等,2019)。有研究发现林地凋落物C含量高于草地(Paul et al.,2002),而本研究中,凋落物C含量随着植被恢复而下降,即草丛阶段凋落物C含量最高,而凋落物N、P含量随着植被恢复的变化趋势与C含量相比波动较大且相反,不同恢复阶段植物对N、P的再吸收效率及凋落物组成等均可能导致该结果(陈婵等,2019)。当凋落物N、P含量分别低于7、0.5 g·kg^{-1}时,表明凋落物N、P养分被叶片充分利用;而N、P养分分别高于10、0.8 g·kg^{-1}时,表明没有充分利用(Killingbeck,1996)。本研究中,草丛阶段部分样地植被凋落物N含量(6.25—10.84 g·kg^{-1})低于7 g·kg^{-1},其余植被恢复阶段植被N含量均高于7 g·kg^{-1},草丛阶段(0.45—1.06 g·kg^{-1})和灌丛阶段(0.46—0.55 g·kg^{-1})部分样地植被P含量低于0.5 g·kg^{-1},表明草丛部分样地植被凋落物N、P养分被叶片充分利用,灌丛部分样地植被凋落物P养分被叶片充分利用,而其余乔木林植被凋落物N、P养分未被叶片充分利用。可能是因为草本植物需消耗大量N、P以维持其快速生长,从而降低其凋落物的N、P含量。凋落物养分归还首先于土壤表层,而后随介质向下层迁移扩散(朱秋莲等,2013),灌丛阶段样地林下草本层植物生长较旺盛,草本植物根系较浅,易吸收表层土壤养分,从而降低向土壤下层迁移扩散的养分含量,灌木不仅需要在土壤P含量低的条件下抢夺P养分,同时需要消耗大量N、P养分以维持生命活动,从而导致其叶片和凋落物具有较低的N、P含量。

  森林恢复是决定土壤C、N、P含量变化的关键性因素(Xu et al.,2018)。植物通过细根、周转、根系分泌物、枯枝落叶积累和分解等途径影响土壤C含量(辛翔等,2018)。本研究中,土壤有机C、N含量随植被恢复呈波动式变化,灌丛、次生林和原生林较高,草丛较低。而同时草丛阶段叶片和凋落物C含量相对较高,表明该阶段凋落物归还量、分解速率等可能较低,植物为了维持快速生长对土壤C进行较高强度的吸收,促使土壤C含量降低。相关性分析表明,土壤N含量与土壤有机C含量呈显著正相关($P<0.01$)。土壤P含量随植被恢复呈增高趋势,恢复早期植物为维系生命活动对P的高需求和凋落物的低输入可能导致土壤P含量下降,而恢复后期植物多样性和生物量增加,凋落物P归还量的提高使土壤P含量增高(陈婵等,2019)。

4.4.2 植被恢复过程中叶片、凋落物、土壤的C、N、P化学计量比变化

C、N、P的化学计量比可反映其使用效率(Castellanos et al., 2018)。植物叶片是光合作用的核心器官,因此叶片的生态化学计量比可以代表整体植株的状况(Sardans et al., 2016)。植物叶片C:N和C:P可反映植物对N、P养分的利用效率,较低的C:N、C:P对应较高的生长速率(刘万德等,2010)。本研究中,叶片C:N、C:P随植被恢复而下降,叶片C含量随植被恢复的下降,以及N、P含量随植被恢复的显著增加使其C:N、C:P显著下降。通常认为N、P而非C为植物生长的限制因子,因此植物对N和P吸收的差异而产生的N、P含量差异可能是影响不同恢复阶段植被C:N和C:P的主要原因(Hedin, 2004)。植物叶片N:P为决定群落结构与功能的关键性指标,较低的植物叶片N:P反映较高的植物生长速率(刘万德等,2010;Castellanos et al., 2018)。研究表明,当植物叶片N:P<10,植物生长主要受N限制;当叶片N:P>20,植物生长主要是P限制(Sabine Güsewell, 2004)。亦有研究表明,当N:P<14,植物生长受N限制;N:P>16,植物生长受P限制;当N:P处于14和16之间,植物生长倾向于受N、P共同限制或不受它们的限制(Koerselman & Meuleman, 1996)。本研究中,叶片N:P随着植被恢复先增加再下降,草丛、灌丛、次生林和原生林叶片N:P分别为11.80、20.60、17.46和16.06,相对而言,草丛阶段植物受较强的N限制,而灌丛阶段之后受较强的P限制。植被恢复后期,植物形成了相对稳定的C、N、P化学计量比,反映了植物对喀斯特严酷生境的应对策略(Zhang et al., 2020)。

植物凋落物参与土壤生态循环,对土壤养分调节和植被恢复起重要作用(Zhang et al., 2022)。凋落物C:N是预测凋落物分解速率的理想指标,较低的C:N表征较高的分解速率(俞月凤等,2022)。本研究中,随着植被恢复,凋落物

C∶N总体呈下降趋势,与俞月凤等(2022)的研究结果一致,表明在植被恢复过程中,凋落物的分解速率增高,养分归还量增加。凋落物N∶P越高,其分解受P限制越强。本研究中,随着植被恢复,凋落物C∶P和N∶P先升后降,且灌丛阶段最高,再次表明灌丛阶段植物受较强的P限制。

土壤C∶N、C∶P、N∶P为土壤养分状况的良好指标(Zhao et al.,2015),而植物群落的差异使其具有高度复杂性(Zhang et al.,2014)。土壤C∶N能衡量其C、N的营养均衡状况,同时可影响其C、N养分循环(俞月凤等,2022)。本研究中,土壤有机C∶N总体上随着植被恢复先升高后下降,与陈婵等(2019)的研究结果一致。草丛阶段到次生林阶段土壤有机C含量增加幅度(108.51%)高于土壤N含量的增加幅度(88.95%),导致土壤C∶N升高;而从次生林到原生林,土壤有机C含量增加幅度(141.11%)低于土壤N含量的增加幅度(160.09%),导致土壤C∶N下降。土壤C∶P、N∶P的变化主要受其C、N含量影响(Xu et al.,2019)。本研究中,土壤C∶P、N∶P呈先升后降趋势,即灌丛阶段最高。从草丛阶段到灌丛阶段,土壤有机C、N含量的增加幅度(151.47%,156.65%)高于土壤P含量的增加幅度(101.81%),而灌丛阶段到原生林则反之,土壤有机C、N含量的增加幅度(101.09%,90.90%)远低于土壤P含量的增加幅度(468.47%),因此导致土壤C∶P、N∶P从草丛至灌丛阶段的上升及灌丛至原生林阶段的下降。在养分循环过程中,P是一个重要因素,是因为土壤P由岩石风化直接产生,因此P为一种沉积元素,在喀斯特地区,土壤通常与岩石直接接触,易造成水土流失和滑坡,因此P含量的波动比其他波动对元素比值的影响更大,在未来植物养分循环利用过程中,应优化和调整土壤P,以实现养分平衡(Zhang et al.,2020)。

4.4.3 叶片、凋落物和土壤C、N、P及化学计量比的关系

植物、凋落物和土壤在生态系统中紧密联系并相互作用,其养分和化学计量比密切相关(Pang et al.,2020)。本研究中,叶片、凋落物和土壤化学计量特征显著相关,凋落物作为养分转换枢纽,在土壤和叶片的C、N、P及其化学计量比的关联中发挥了重要作用(图4-4)。植物通过土壤养分含量的增加可吸收到更多养分,从而提高凋落物的养分含量。凋落物与叶片具有相似的化学计量特征,并呈现与土壤化学计量特征相似的相关性(图4-4)。前人研究证实了凋落物的化学计量特征通常与植物的化学计量特征一致(McGroddy et al.,2004)。

植物吸收的 N、P 养分中 90% 以上来自植物归还土壤的养分再循环(Chapin et al.,2002),曾昭霞等(2015)对喀斯特地区养分循环的研究亦得到植物养分主要来源于凋落物的归还的结论,可能因此导致凋落物与叶片极为相似的化学计量特征。凋落物化学计量与土壤化学计量显著相关(Yang et al.,2018),凋落物的分解促使有机物质向土壤释放 N、P 养分,从而影响土壤 C、N、P 含量及其化学计量比(Zhang et al.,2013),而土壤养分含量的变化会影响植物对养分的利用策略,进而影响叶片和凋落物的养分含量。此外,植物还可通过光合作用固定 C,一部分由根系等转移至土壤,一部分由凋落物作为中间介质补偿 C 及其他养分给土壤(王亚娟等,2002)。本研究中,土壤 P 含量与叶片 P 含量显著正相关,同时与叶片 C 含量、C:P 显著负相关,表明随着植被恢复,土壤 P 含量的增加促进叶片对 P 养分的吸收,同时抑制其对 C 养分的吸收,从而降低叶片 C:P。此外,土壤 C:P、N:P 与叶片 C 含量、C:P 显著正相关,与叶片 P 含量显著负相关,根据前面的分析,土壤 C:P 降低会促进微生物分解有机质,从而促进植物对土壤 C 的吸收,提高叶片 C 含量和 C:P。土壤 N、P 含量均随植被恢复而增高,并与凋落物 N、P 含量显著正相关。较高的凋落物 N、P 浓度可以更好地刺激微生物活性和无脊椎动物消化(Kerkhoff et al.,2006),从而促进凋落物的分解和土壤养分的积累。

4.4.4 叶片、凋落物和土壤 C、N、P 含量及化学计量比的影响因素

植物养分主要来源于土壤,其含量与土壤养分含量密切相关,两者相互促进、相互制约(Zhang et al.,2020;郁国梁等,2022)。土壤养分对驱动小尺度内植被分布起重要作用,植物通过吸收土壤养分满足其生长需要(曾昭霞等,2015),从而对凋落物养分含量产生影响。因此本研究使用其他土壤相关指标作为环境影响因子,探寻其对叶片、凋落物和土壤 C、N、P 含量及化学计量比的影响,结果表明它们可以解释不同植被恢复阶段叶片、凋落物和土壤 C、N、P 含量及其化学计量比绝大部分的变化。土壤 AN、AP、ECa、EMg 等环境变量对整体叶片、凋落物和土壤 C、N、P 含量及其化学计量比具有显著影响(表 4-1,图 4-5)。研究表明,土壤微量元素参与植物的代谢活动,同时为植物体内维生素、酶和生长激素等的重要组成部分,对其生长发育起极为重要的作用(倪隆康等,2019)。成土母质、土壤 pH 和有机质含量等会影响土壤微量元素的含量和有效性

(García-Marco et al.,2014;Hui et al.,2014)。土壤养分的来源有母质风化、有机质分解和微生物固氮等,因此,风化强度、凋落物厚度和微生物活性等均可对不同植被恢复阶段的土壤养分含量造成影响。丰富的林下凋落物层利于土壤阳离子交换吸附,从而促进土壤碱性金属的相对累积,凋落物的腐烂可增加土壤N、K含量(董茜等,2022)。同时,凋落物含有的某些化感物质可对土壤微生物活性起到抑制作用,而微生物在分解凋落物时释放的CO_2是生态系统中重要的碳源(李杰等,2022)。Mg是影响土壤微生物生理活动的必要元素,在适宜的浓度下可促进微生物的酶和蛋白质合成,进而促进凋落物分解(Dirks et al.,2010)。本研究发现土壤AN、pH、TK均对影响叶片、凋落物和土壤C、N、P及其化学计量比的变化起较为重要作用(图4-8)。较高的土壤AN含量可促进植物对N的吸收。喀斯特地区较高的土壤pH会抑制部分植物的生长(谭一波等,2019)。相关研究表明土壤pH对植物化学计量具有较强的驱动作用(Zhang et al.,2020)。而K是限制微生物生殖繁衍的主要因素(贾丙瑞,2019),从而促进凋落物的分解,因此土壤TK与凋落物C、N、P含量呈负相关关系(图4-7b)。

叶片、凋落物和土壤C、N、P养分的主要影响因素存在一定差别。通过研究环境因素单独对叶片、凋落物和土壤C、N、P化学计量特征的影响发现,影响土壤和凋落物C、N、P化学计量特征随植被恢复变化的主要因素具有较高的相似性(图4-8),土壤与凋落物直接接触,其内部动态变化会对凋落物产生直接影响,且凋落物是土壤养分重要来源之一,它们各自的养分之间具有极强的关联性,可能导致其主要影响因素存在较高的相似性。同时,与叶片相比,BD、EMg和ECa对土壤和凋落物C、N、P化学计量特征影响较大,而AP相对较小(图4-8)。土壤有机质会影响土壤团聚体、矿质结构和组成等,土壤BD过大可能不利于有机质的积累,本研究中,土壤BD与土壤有机C和N含量,以及凋落物N含量呈负相关(图4-7b,c)。同时,土壤BD过大会降低酶活性,不利于土壤微生物和动物等的生存,从而降低凋落物的分解速率。土壤AP易被植物吸收,可能因此导致其对土壤和凋落物C、N、P化学计量特征的影响较小。

因此,从环境因素在植物叶片、凋落物和土壤C、N、P养分循环中产生的作用可发现,适宜的土壤养分含量可促进植物的生长,浓度过高或过低均不利于植物的吸收,不同养分在植物-凋落物-土壤养分循环系统中联系紧密,相互促进、相互制约。植物叶片、凋落物和土壤可以构成一个养分循环系统,验证它们之间养分变化的因果关系对了解养分循环具有较大意义。SEM分析可知,相对于土壤而言,凋落物对叶片养分变化具有较大的影响,且凋落物-土壤-叶片这一养分传递路径影响并不强(图4-9)。植物生长所需养分主要来自凋落物分解(刘娜等,2020)。喀斯特地区土层薄且土被不连续,土壤涵养水源能力弱,有机质极易流失,且本研究区处于北热带地区,森林生物循环较强,生物量较大,对应着较多的凋落物,同时林下丰富的生物种类加强了对凋落物的分解,因此养分被转化而进入土壤的有机质含量较少。

CHAPTER
5

第五章

植被恢复过程中不同土壤深度胞外酶活性和微生物量碳氮磷的生态化学计量特征

5.1 引言

胞外酶活性（Extracellular enzyme activity, EEA）是土壤生物过程的主要调节因子，在土壤有机质分解中起着关键作用（Minick et al., 2022; Li et al., 2023）。酶介导的分解过程被认为是控制全球碳和养分循环的关键步骤（Chen et al., 2022）。参与有机碳、氮和磷矿化的土壤酶的相对活性揭示了微生物生物量的化学计量学和能量约束。土壤微生物将复杂的有机底物转化为简单的底物，显著改变了土壤中C、N和P的比例，在陆地生态系统的生物地球化学循环中起着关键作用（Abs et al., 2023）。环境因素和历史进化因素（如距离隔离、物理障碍、扩散限制、环境异质性等）或两者的综合作用被认为是影响土壤微生物的空间和时间变异的主要原因（Fierer & Jackson, 2006; Zhou et al., 2023）。过去几十年来，越来越多的研究应用土壤胞外酶来调查从局部到全球范围的土壤微生物群落的养分限制（Waring et al., 2014; Nottingham et al., 2015; Camenzind et al., 2018; Cui et al., 2022）。

我国西南喀斯特地区石漠化较严重，治理难度大，土地资源匮乏，人地矛盾突出。经过退耕还林、封山育林等生态修复工程，石漠化防治工作已取得阶段性成效，石漠化面积持续减少、危害不断减轻、生态环境逐渐稳步好转（我国岩溶地区石漠化状况公报，2019）。对喀斯特石漠化地区土壤养分的有效性及其他影响因子的认识不足，严重阻碍了石漠化治理工作（Green et al., 2019）。目前关于喀斯特地区石漠化防治的研究大多集中于植被恢复和不同土地利用类型对喀斯特地区土壤养分循环、植物功能性状、群落物种多样性等的影响（盛茂银等，2015; Sheng et al., 2018），而对于喀斯特地区植被自然恢复过程中土壤微生物和胞外酶的生态化学计量特征方面的研究较少，许多相关科学问题有待解决。如，植被恢复过程中不同土层深度土壤、微生物和胞外酶的化学计量比是否存在显著差异？植被恢复过程中土壤胞外酶活性和微生物量C、N、

P生态化学计量特征变化的驱动因素有哪些？这些科学问题的解决将有助于进一步明确植被恢复过程中主要养分元素的生物地球化学循环规律，认识土壤–微生物–胞外酶间的耦合关系，从而更好地开展喀斯特生态修复工作。为此，本研究基于生态化学计量学方法解析了北热带喀斯特地区植被恢复过程中不同土壤深度微生物和胞外酶的生态化学计量特征及其影响因素，以期促进对北热带喀斯特地区土壤养分动态过程的理解，为喀斯特植被恢复与重建提供理论指导。

5.2 研究方法

研究地概况、样地调查、样品采集与分析、统计分析等参见第二章。

5.3 研究结果

5.3.1 不同深度土壤C、N、P含量及其化学计量比变化

土壤C、N、P含量如表5-1所示，植被恢复各土层SOC含量的变化范围为13.00—46.10 g·kg^{-1}，TN含量的变化范围为1.86—4.51 g·kg^{-1}，TP含量的变化范围为0.36—2.28 g·kg^{-1}；SOC、TN和TP的变化趋势一致，由高到低依次为：原生林>次生林>灌丛>草丛；原生林阶段SOC含量显著高于草丛阶段；原生林阶段TN含量显著高于次生林、灌丛和草丛阶段，次生林阶段TN含量显著高于草丛阶段；原生林阶段TP含量显著高于次生林、灌丛和草丛阶段，次生林阶段TP含

量显著高于灌丛和草丛阶段。在土壤剖面上，各植被恢复阶段SOC、TN和TP含量均随土层深度的增加而降低。

土壤C、N、P生态化学计量特征如表5-2所示，植被恢复过程中的土壤C:N的差异未达到显著水平；灌丛阶段的土壤C:P显著高于草丛阶段、次生林和原生林阶段，草丛阶段显著高于次生林和原生林阶段；草丛和灌丛阶段的N:P显著高于次生林和原生林阶段。图5-1表明，在土壤剖面上，草丛和原生林阶段土壤C:N存在显著差异，灌丛和次生林阶段各土层差异不显著；除灌丛阶段外，土壤C:P随土层深度的增加呈下降趋势，草丛、次生林和原生林阶段存在显著差异；土壤N:P仅在灌丛阶段存在显著差异。

表5-1 植被恢复过程中SOC、TN和TP含量的变化
Table 5-1 Variation in SOC、TN and TP contents in different restoration stages

测项 Item	土层深度 Depth/ cm	草丛 Grassland	灌丛 Shrubland	次生林 Secondary forest	原生林 Primary forest
SOC/ (g·kg^{-1})	0—<10	31.65±3.38aC	33.69±2.41aBC	44.60±5.68aAB	46.10±3.39aA
	10—<20	19.85±0.89bA	25.87±2.54bA	27.25±8.57abA	31.16±2.28bA
	20—<30	15.96±2.06bcA	22.01±2.23bA	20.23±5.20bA	23.63±2.27bcA
	30—<50	13.00±1.40cA	19.68±2.10bA	18.09±4.94bA	20.51±2.12cA
	均值 Mean	20.11±2.07B	25.31±1.72AB	27.54±3.88AB	30.35±2.80A
TN/ (g·kg^{-1})	0—<10	2.97±0.27aB	3.70±0.39aAB	3.74±0.13aAB	4.51±0.36aA
	10—<20	2.30±0.06bB	2.71±0.49abB	3.01±0.29abAB	3.65±0.07bA
	20—<30	2.16±0.28bB	2.12±0.40bB	2.63±0.30abAB	3.15±0.16bcA
	30—<50	1.86±0.13bA	2.05±0.43bA	2.52±0.37bA	2.85±0.27cA
	均值 Mean	2.32±0.14C	2.65±0.26BC	2.97±0.18B	3.54±0.20A
TP/ (g·kg^{-1})	0—<10	0.49±0.02aC	0.49±0.05aC	1.56±0.26aB	2.28±0.15aA
	10—<20	0.43±0.03abC	0.45±0.05aC	1.38±0.21aB	2.15±0.13abA

续表

测项 Item	土层深度 Depth/cm	草丛 Grassland	灌丛 Shrubland	次生林 Secondary forest	原生林 Primary forest
TP/(g·kg^{-1})	20—<30	0.39±0.04abC	0.41±0.01aC	1.32±0.21aB	1.95±0.20abA
	30—<50	0.36±0.05bC	0.37±0.04aC	1.26±0.23aB	1.77±0.12bA
	均值 Mean	0.42±0.02C	0.43±0.02C	1.38±0.11B	2.04±0.08A

SOC:土壤有机碳;TN:全氮;TP:全磷。小写表示同一恢复阶段不同土层间差异显著($P<0.05$),不同大写字母表示不同恢复阶段同一土层间差异显著($P<0.05$)。
SOC: Soil organic carbon; TN: Total nitrogen; TP: Total phosphorus. Capital letters indicate significant differences between the same soil layers of different restoration stages ($P< 0.05$); lowercase letters indicate significant differences among the same restoration stages of different soil layers ($P< 0.05$).

表5-2 植被恢复过程中土壤-微生物-胞外酶的生态化学计量比
Table 5-2 Ecological stoichiometric characteristics of soil-microbe-extracellular enzymes in different restoration stages

测项 Item	草丛 Grassland	灌丛 Shrubland	次生林 Secondary forest	原生林 Primary forest	均值 Average
C:N	8.55±0.53A	10.78±1.05A	9.84±1.58A	8.37±0.38A	9.39±0.51
C:P	47.57±3.63B	60.33±4.27A	19.95±2.30C	14.88±1.17C	35.68±2.82
N:P	5.69±0.35A	6.02±0.38A	2.39±0.24B	1.76±0.10B	3.96±0.28
MBC:MBN	14.33±2.34A	17.52±2.74A	18.04±1.69A	16.54±2.02A	16.61±1.1
MBC:MBP	51.09±9.14AB	60.89±7.77A	40.12±4.47B	39.23±5.80B	47.83±3.61
MBN:MBP	3.59±0.34AB	4.55±0.98A	2.26±0.20B	2.62±0.31B	3.26±0.29
C:N$_{EEA}$	1.20±0.04B	1.36±0.05A	1.13±0.03BC	1.07±0.02C	1.19±0.02
C:P$_{EEA}$	0.78±0.02B	0.88±0.01A	0.90±0.01A	0.86±0.01A	0.85±0.01
N:P$_{EEA}$	0.65±0.02B	0.66±0.02B	0.80±0.01A	0.81±0.01A	0.73±0.01

C:土壤有机碳;P:全磷;N:全氮;MBC:微生物量碳;MBP:微生物量磷;MBN:微生物量氮;C:N$_{EEA}$:土壤C:N酶活性比;C:P$_{EEA}$:土壤C:P酶活性比;N:P$_{EEA}$:土壤N:P酶活性比。C: Soil organic carbon; P: Total phosphorus; N: Total nitrogen; MBC: Microbial biomass carbon; MBP: Microbial biomass phosphorus; MBN: Microbial biomass nitrogen; C:N$_{EEA}$: Soil C:N enzyme activity ratio; C:P$_{EEA}$: Soil C:P enzyme activity ratio; N:P$_{EEA}$: Soil N:P enzyme activity ratio.

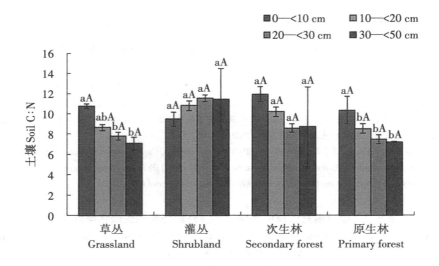

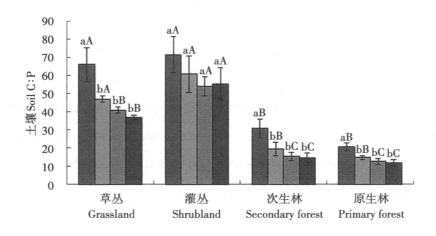

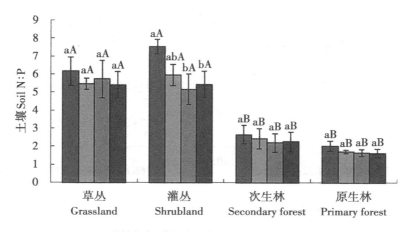

图 5-1 植被恢复过程中土壤 C、N 和 P 的化学计量特征

Fig.5-1 Ecological stoichiometric characteristics of soil C, N, and P during vegetation restoration

5.3.2 不同深度土壤微生物量 C、N、P 含量及其生态化学计量特征

土壤 MBC、MBN 和 MBP 含量如表 5-3 所示,土壤 MBC、MBN 和 MBP 含量随植被恢复而增加,变化趋势均为原生林>次生林>灌丛>草丛,MBC 和 MBN 在各恢复阶段的差异均未达到显著水平,次生林和原生林阶段的 MBP 含量显著高于灌丛和草丛阶段;在土壤剖面上,各阶段土壤 MBC、MBN 和 MBP 含量均随土层深度的增加而减少,不同土层土壤 MBC 和 MBP 在各恢复阶段均存在显著差异,MBN 仅在草丛和次生林阶段存在显著差异。

土壤 MBC:MBN 在各恢复阶段的差异均未达到显著水平,灌丛阶段 MBC:MBP 和 MBN:MBP 均高于次生林和原生林(图 5-2)。图 5-2 表明,在土壤剖面上,土壤 MBC:MBN 仅在原生林阶段存在显著差异,各土层 MBC:MBP 和 MBN:MBP 的差异均未达到显著水平。

表 5-3 不同恢复阶段土壤微生物量 C、N 和 P 含量变化

Table 5-3 Variation in soil MBC, MBN and MBP contents in different restoration stages

测项 Item	深度 Depth /cm	草丛 Grassland	灌丛 Shrubland	次生林 Secondary forest	原生林 Primary forest
MBC /(mg·kg^{-1})	0—<10	358.29±72.30aB	321.93±48.22aB	533.96±40.42aA	568.91±39.08aA
	10—<20	196.03±67.86bA	218.11±53.59abA	273.28±19.75bA	272.12±16.52bA
	20—<30	94.82±15.80bB	140.38±31.54bAB	168.62±11.86cA	170.99±17.82cA
	30—<50	66.17±18.15bA	117.99±26.18bA	101.05±19.60cA	118.20±13.84cA
	均值 Mean	178.83±37.30A	199.60±27.72A	269.23±44.00A	282.55±46.28A
MBN/ (mg·kg^{-1})	0—<10	5.35±4.03aA	6.07±2.55aA	10.35±1.98aA	13.48±3.2aA
	10—<20	3.83±3.31abA	3.83±2.95aA	8.47±3.30bA	9.88±5.08aA
	20—<30	3.09±2.61abA	2.81±2.47aA	4.73±0.70bcA	5.65±2.36aA
	30—<50	2.37±1.57bA	2.09±3.40aA	3.94±0.40cA	4.57±2.67aA
	均值 Mean	3.66±1.72A	3.70±1.46A	6.87±1.88A	8.39±1.91A
MBP/ (mg·kg^{-1})	0—<10	5.35±1.03aC	6.07±0.37aBC	10.35±0.79aAB	13.48±2.67aA
	10—<20	3.83±0.78abB	3.83±0.43bB	8.47±1.07aAB	9.88±2.94abA
	20—<30	3.09±0.40abA	2.81±0.68bcA	4.73±0.91bA	5.65±1.54bA
	30—<50	2.37±0.63bB	2.09±0.47cB	3.94±0.98bAB	4.57±0.63bA
	均值 Mean	3.66±0.44B	3.70±0.45B	6.87±0.80A	8.39±1.33A

MBC: 微生物量碳; MBN: 微生物量氮; MBP: 微生物量磷。MBC: Microbial biomass carbon; MBN: Microbial biomass nitrogen; MBP: Microbial biomass phosphorus.

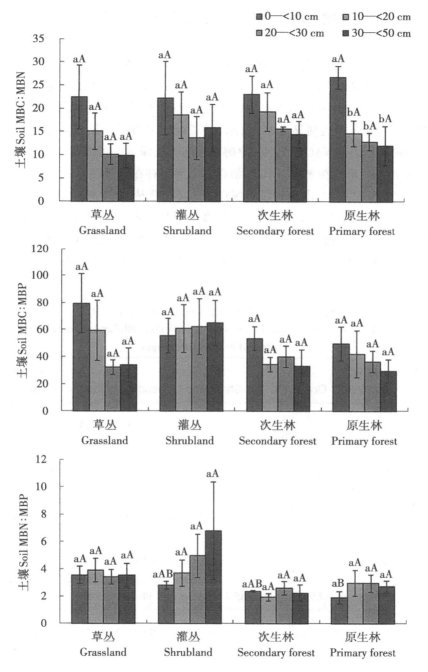

图 5-2 不同恢复阶段土壤微生物量 C、N 和 P 的化学计量变化

Fig.5-2 Stoichiometric changes of soil microbial biomass C, N, and P at different vegetation restoration stages

5.3.3 不同深度土壤的胞外酶活性及其生态化学计量特征

土壤胞外酶活性（酶活）如表5-4所示，土壤BG、NAG、LAP和AP酶活性均随植被恢复而增加，其中灌丛、次生林和原生林阶段的BG酶活性显著高于草丛阶段；次生林和原生林阶段NAG酶活性显著高于草丛和灌丛阶段；各恢复阶段LAP酶活性差异未达到显著水平；原生林阶段AP酶活性显著高于草丛阶段。在土壤剖面上，BG、NAG、LAP和AP酶活性随土层深度的增加而降低，仅原生林阶段BG酶活性和次生林的NAG酶活性的差异不存在显著性。

植被恢复过程中，灌丛阶段土壤$C:N_{EEA}$高于草丛、次生林和原生林阶段，灌丛、次生林和原生林阶段土壤$C:P_{EEA}$均高于草丛阶段；次生林和原生林阶段土壤$N:P_{EEA}$高于草丛和灌丛阶段（图5-3）。图5-3表明，在土壤剖面上，仅草丛阶段的$C:N_{EEA}$和$C:P_{EEA}$存在显著差异，其他阶段的胞外酶化学计量差异均未达到显著水平。

表5-4 不同恢复阶段土壤胞外酶活性的变化
Table 5-4 Change in the activity of soil extracellular enzymes in different restoration stages

测项 Item	土层深度 Depth/cm	草丛 Grassland	灌丛 Shrubland	次生林 Secondary forest	原生林 Primary forest
BG/ (nmol· $g^{-1}·h^{-1}$)	0—<10	58.29±5.89aB	130.29±13.28aA	145.45±11.10aA	132.80±16.74aA
	10—<20	43.86±5.40abB	89.97±10.40bA	103.48±2.39bA	114.49±25.46aA
	20—<30	40.28±5.93bB	68.37±8.52bcAB	78.11±4.38cAB	94.28±25.22aA
	30—<50	29.48±3.33bB	53.03±3.03cAB	65.85±7.01cA	73.81±14.31aA
	均值Mean	42.98±3.55B	85.41±8.63A	98.22±8.47A	103.84±10.99A
NAG/ (nmol· $g^{-1}·h^{-1}$)	0—<10	35.98±6.57aC	46.04±4.95aBC	79.68±18.89aAB	98.74±9.00aA
	10—<20	16.68±3.21bB	30.45±5.74bB	69.97±19.06aA	77.28±7.17abA

续表

测项 Item	土层深度 Depth/cm	草丛 Grassland	灌丛 Shrubland	次生林 Secondary forest	原生林 Primary forest
NAG/ (nmol·g^{-1}·h^{-1})	20—<30	16.12±2.06bB	15.77±3.05cB	47.33±11.59aA	63.37±12.40bA
	30—<50	10.04±1.17bB	12.83±4.55cB	34.46±6.85aAB	47.61±14.92bA
	均值 Mean	19.70±3.05B	26.27±4.00B	57.86±8.15A	71.75±7.00A
LAP/ (nmol·g^{-1}·h^{-1})	0—<10	7.79±1.47aA	8.88±1.38aA	10.88±1.60aA	10.78±0.89aA
	10—<20	6.77±1.21abA	6.76±1.63abA	8.23±1.28abA	9.25±1.40aA
	20—<30	5.35±1.06abA	5.34±1.31abA	5.19±0.57bA	5.66±1.02bA
	30—<50	3.75±1.11bA	3.81±0.69bA	4.75±1.08bA	4.47±1.14bA
	均值 Mean	5.91±0.67A	6.20±0.76A	7.26±0.83A	7.54±0.83A
AP/ (nmol·g^{-1}·h^{-1})	0—<10	229.20±32.18aA	290.85±16.37aA	247.35±34.68aA	305.76±26.28aA
	10—<20	177.77±29.09bB	169.80±20.67bAB	179.30±19.16abAB	254.17±34.06aA
	20—<30	123.38±23.77bcB	122.09±14.82cB	140.87±21.09bAB	179.31±7.44bA
	30—<50	53.64±8.90cC	87.66±5.03cB	110.62±11.97bAB	130.89±12.88bA
	均值 Mean	146.00±20.23B	167.60±21.01AB	169.54±16.79AB	217.53±20.13A

BG:β-葡萄糖苷酶;LAP:亮氨酸氨基肽酶;NAG:β-N-乙酰葡萄糖胺糖苷酶;AP:碱性磷酸酶. BG: β-glucosidase; LAP: Leucine aminopeptidase; NAG: β-N-acetylglucosaminidase; AP: Alkaline phosphatase.

5.3.4 土壤因子对微生物量和土壤胞外酶活性及其化学计量比的影响

土壤微生物量和土壤胞外酶活性及其化学计量与土壤理化性质的Pearson相关分析表明(图5-4):MBC与SOC和TN极显著正相关,与EC显著正相关;MBN与SOC和TN极显著正相关;MBP与EC、SOC和TN极显著正相关,与TP显著正相关。MBC:MBN与SOC极显著负相关,与C:N显著正相关;MBC:MBP与C:P显著正相关,与pH显著负相关;MBN:MBP与EC和pH显著负相关。BG酶活与SOC和TN极显著正相关,与EC和TP显著正相关,与N:P显著负相关;NAG酶活与TP、EC、TN和SOC极显著正相关,与C:P和N:P极显著负相关;LAP酶活与SOC极显著正相关,与SWC和TN显著正相关;AP酶活与SOC、TN极显著正相关,与EC显著正相关。C:N_{EEA}与TP和TN极显著负相关,与EC和pH显著负相关;C:P_{EEA}与SWC、TP显著负相关;N:P_{EEA}与EC和TP极显著正相关,与SOC显著正相关,与C:P和N:P极显著负相关。

RDA分析表明(图5-5),RDA1和RDA2分别解释了69.04%和14.67%的变量。所有土壤因子解释了土壤微生物量和土壤胞外酶活性及其化学计量比变异的67.83%,其中SOC、TN和EC是主要影响因子,分别解释了37.09%、23.64%和12.74%的变异(表5-5)。

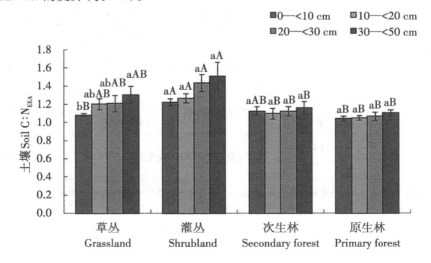

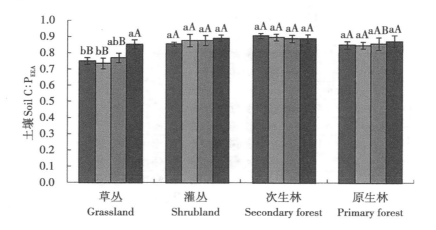

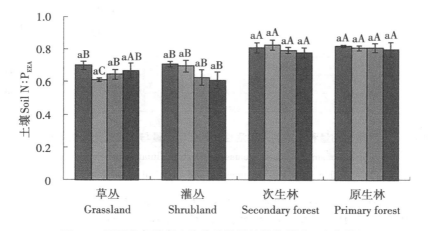

图5-3 不同恢复阶段土壤胞外酶活性的化学计量变化特征

Fig.5-3 Stoichiometric characteristics of soil extracellular enzymes activity in different recovery stages

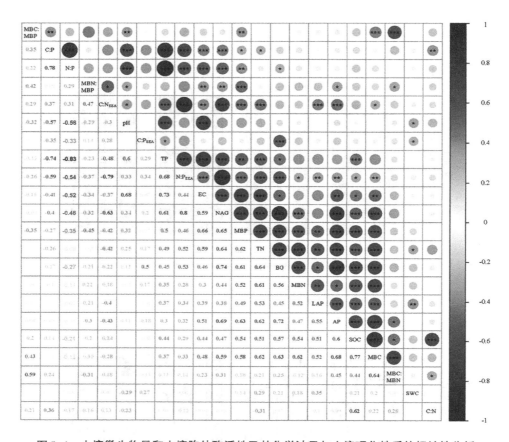

图5-4 土壤微生物量和土壤胞外酶活性及其化学计量与土壤理化性质的相关性分析

Fig5-4 Relationship of soil microbial biomass and extracellular enzyme activities and their stoichiometry with soil physical and chemical properties

*$P<0.05$,**$P<0.01$,***$P<0.001$。SWC:土壤含水率;EC:土壤电导率;SOC:土壤有机碳;TN:全氮;TP:全磷;MBC:微生物量碳;MBN:微生物量氮;MBP:微生物量磷;BG:β-葡萄糖苷酶;NAG:β-N-乙酰葡糖胺糖苷酶;LAP:亮氨酸氨基肽酶;AP:碱性磷酸酶;C:N_{EEA}:土壤C:N酶活性比;C:P_{EEA}:土壤C:P酶活性比;N:P_{EEA}:土壤N:P酶活性比。 *$P<0.05$,**$P<0.01$,***$P<0.001$.SWC: soil moisture content; EC: soil electrical conductivity; SOC: Soil organic carbon; TN: Total nitrogen; TP: Total phosphorus; MBC: Microbial biomass carbon; MBN: Microbial biomass nitrogen; MBP: Microbial biomass phosphorus; BG: β-glucosidase; NAG: β-N-acetylglucosaminidase; LAP: Leucine aminopeptidase; AP: Alkaline phosphatase; C:N_{EEA}: Soil C:N enzyme activity ratio; C:P_{EEA}: Soil C:P enzyme activity ratio; N:P_{EEA}: Soil N:P enzyme activity ratio.

表5-5 冗余分析单个环境因子的解释率
Table 5-5 Interpretation rate of single environmental factor in redundancy analysis

土壤因子 Soil factor	独自效应 Unique	平均共同解释量 Average. share	单独贡献值 Individual	单独效应比例 Individual percentage/%
SOC	0.092 5	0.159	0.251 5	37.09
TN	0.009 2	0.151 1	0.160 3	23.64
EC	0.012 2	0.074 2	0.086 4	12.74
TP	0.003 3	0.046 5	0.049 8	7.35
C:N	0.046 2	0.002	0.048 2	7.11
C:P	0.007 6	0.021 6	0.029 2	4.31
pH	0.040 3	−0.015 7	0.024 6	3.63
N:P	0.025 2	−0.006 4	0.018 8	2.77
SWC	0.014 9	−0.005 4	0.009 5	1.4
总的 Total	−	−	0.678 3	100

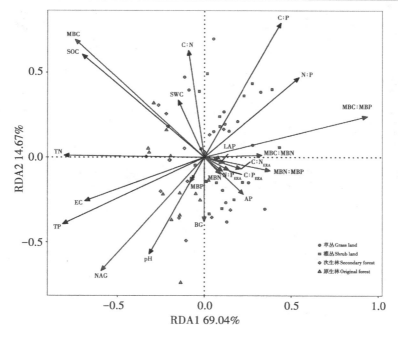

图5-5 土壤微生物量和土壤胞外酶活性及其化学计量与土壤理化性质冗余分析
Fig.5-5 Redundancy analysis (RDA) of soil microbial biomass and extracellular enzyme activities and their stoichiometry with soil physical and chemical properties

图中字母组合的意思同图5-4。The meanings of the letter combinations are same as in Fig. 5-4.

5.3.5 不同恢复阶段土壤-微生物-胞外酶化学计量特征的影响因素

通过构建结构方程模型(SEM)分析确定调节胞外酶活性及其化学计量比变化的途径,土壤因子对胞外酶有显著的直接促进作用,土壤因子也通过影响微生物因子来间接影响胞外酶。土壤C:N_{EEA}对胞外酶具有显著的直接负效应,土壤C:P和N:P以及微生物MBN:MBP对胞外酶具有显著的间接负效应;土壤BG、NAG、LAP、AP以及N:P_{EEA}对胞外酶具有显著正效应,土壤pH、EC、SOC、TN、TP和微生物中的MBC、MBN、MBP、MBC:MBN对胞外酶具有显著的间接正效应(图5-6)。

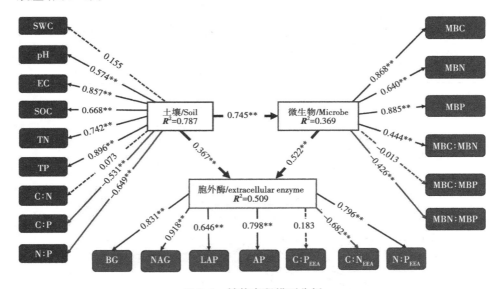

图5-6 结构方程模型分析

Fig 5-6 Structural equation model analysis

正效应和负效应分别用红线和黑线表示(彩色见附录彩图部分),用虚线表示的影响不显著,而实线与效应强度成正比(**$P<0.01$)。图中字母组合的意思同图5-5。Negative and positive effects are indicated by red and black line, respectively, while non-significant effect is indicated by dashed line. The line solid is proportional to the effect strength (**$P<0.01$). The meanings of the letter combinations are same as in Fig. 5-5.

5.4 讨论

5.4.1 不同恢复阶段土壤胞外酶活性和微生物量碳氮磷含量的变化

本研究中，SOC、TN 和 TP 含量随植被恢复明显增加，一致表现为：原生林>次生林>灌丛>草丛，草丛阶段处于植被恢复初期，地上生物量较少，植被覆盖度低，雨水及地表径流造成的养分迁移，加快了土壤养分的分解与流失，此外，群落的物种组成、结构以及层次随着植被恢复逐渐复杂化和多样化，土壤动物、微生物等活性增强，凋落物分解速率也随之加快，提高了凋落物向土壤的养分归还速率(刘方等，2012)。在土壤剖面上，表层的 SOC、TN 含量均显著高于底层土壤，这与以往的研究结果较为一致(张向茹等，2013；朱秋莲等，2013)，土壤 C、N、P 含量受到母岩的影响，并且凋落物的养分首先归还至表层土壤，然后再随水或其他介质向下层迁移扩散(朱秋莲等，2013)；另外，约90%的地下生物量主要集中于土壤表层(张向茹等，2013)，导致土壤养分在垂直空间的分布存在差异。

土壤微生物对环境变化极其敏感，能够反映群落的生态功能，同时微生物量是土壤养分的重要来源，是养分固定的重要载体(从怀军等，2016)。植被恢复过程中，土壤 MBC、MBN 与 MBP 含量均明显增加，与土壤 C、N、P 含量的表现一致，表现为原生林>次生林>灌丛>草丛，这与以往的研究结果一致(郑华等，2004；魏媛等，2008；梁月明等，2010；黄娟等，2022)。其原因是随着植被的恢复，植被种类更为丰富，植被覆盖度更高，凋落物量也随之增多，凋落物的分解为土壤微生物提供了大量 C、N、P 源，同时凋落物的覆盖可以减少土壤表面的水分散失，地上生物量的增多也为土壤遮蔽一定的阳光直射，更加有利于土壤微生物的生长。在土壤剖面上，土壤 MBC、MBN 和 MBP 含量随土层深度的增加而降低，不同土层间仅 MBN 在灌丛和原生林阶段的差异不存在显著性，其余均存在显著性，这与前人的研究结果相似(李灵等，2007)。微生物量 C、N、P 垂直分布的主要原因是土壤表层含有大量的凋落物和有机质，并且微生物活性较高，凋落物和有机质分解后在土壤下层分布较少，导致土壤微生物量具有明显的垂直分布现象。

土壤酶通过催化、降解、转化及合成土壤有机质等过程参与土壤生物地球化学循环，是判定土壤肥力的重要指标，可在一定程度上反映微生物的代谢活动强度（闫丽娟等，2019；Yang et al.，2020；Guan et al.，2022）。土壤酶主要来源于植物根系、土壤微生物、动物的分泌物及其残体的分解等。水分、pH、温度、养分有效性以及真菌与细菌比值会在一定程度上影响土壤酶活性（Meng et al.，2020）。其中，BG 与 C 循环密切相关，可催化纤维素、腐殖质和木质素的降解（Baldrian，2009）；NAG 和 LAP 与 N 循环密切相关，其活性可以表征土壤 N 状况（Stone et al.，2014）；AP 可将有机 P 转化为无机 P，与 P 循环关系密切，其活性可作为植物和微生物无机 P 有效性的指标（Piotrowska-Długosz et al.，2015）。本研究发现，土壤 C、N、P 代谢酶活性随着植被的恢复而增强，除 LAP 酶外均达到显著差异，这与前人的研究结果相似（Raiesi & Salek-Gilani，2018；Guo et al.，2019），原因主要是植被恢复过程中，土壤有机质逐渐增多，使得土壤微生物有了更多的养分来源，从而刺激微生物分泌大量的胞外酶。土壤剖面上，4 种胞外酶的活性随土层深度的增加而降低，其主要原因是表层植物凋落物和根系的输入最大，养分最为丰富（Lee et al.，2014），而底层土壤的有机质含量减少，质量较差，氧气供应有限，从而限制了土壤酶活性（Fontaine et al.，2007；Schrumpf et al.，2013；Bai et al.，2015）。

5.4.2 不同恢复阶段土壤胞外酶活性和微生物量碳氮磷化学计量比的变化

酶的化学计量学被用来联系微生物的养分获取策略和资源可利用性（Sinsabaugh et al.，2009）。类似于微生物生物量（Cleveland & Liptzin，2007），不同生态系统中的土壤水解酶具有相似的化学计量特征。Sinsabaugh 等（2008）发现，在全球尺度上，以对数变换的碳、氮和磷获取酶活性之间的比值趋于 1∶1∶1，这定义了微生物对资源可利用性变化的响应的界限。在这些界限内，土壤微生物按照养分需求呈现可预测的资源分配模式的转变，以实现最大生长的目标（Allison & Vitousek，2005）。土壤酶化学计量特征的全球和区域尺度变异与微生物氮和磷可利用性的模式一致(Sinsabaugh et al., 2008; Waring et al., 2014; Xu et al., 2017)。许多生态系统尺度的研究试图通过将局部酶化学计量特征与全球平均水平进行比较(Jiang et al., 2019; Schmidt et al., 2016)来揭示微生物资源限制的本质。因此，酶的化学计量学特征代表了微生物的资源获取策略，并被认为受微生物养分需求的影响。然而，一项研究表明，根据土壤酶化学计量学得出的养分限制模式与养分添加实验得出的模式不一致(Rosinger et al., 2019)，这引发了一个问题，即土壤微生物的养分需求是否是影响土壤酶化学计量学特征的主要因素。

土壤C:N:P是衡量土壤有机质组成和营养平衡的一个重要指标(Cleveland & Liptzin, 2007)。土壤C:N可衡量C、N的营养平衡状况，并能影响其循环过程(朱秋莲等, 2013)。本研究中，C:N随植被恢复呈先增加后减小的趋势，在灌丛出现峰值，其原因主要是其C含量随演替进展的增加幅度较N含量要小，导致其C:N减小，这可能在一定程度上也体现了土壤N对演替的敏感程度要高于C。在土壤剖面上，不同土层间的C:N均无明显变化，进一步验证了不同土层间C:N的相对稳定性(Sterner & Elser, 2002)，其原因是C、N作为土壤的结构性成分，同时受凋落物养分归还和分解的影响，其积累和消耗过程存在相对固定的比值，且两者之间存在极显著的相关性，对外界环境变化的响应通常是同步的(Cleveland & Liptzin, 2007; Chapin, 2011)。土壤C:P是P矿化能力的标志，也是衡量微生物矿化土壤有机物质释放P或从环境中吸收固持P潜力的一个指标(朱秋莲等, 2013)。本研究中，土壤C:P的平均值为35.68±2.82，低于全国(61.00)平均水平(Tian et al., 2010)，有研究认为，当土壤C:P<200时，土壤微生物的C素含量会短暂增加，而微生物P则会发生净矿化作用，从而使土壤中的P含量增加(秦娟等, 2016)；而本研究中的土壤C:P的平均值要远远低于200，说明该区域土壤P含量相对充足。本研究中，随植被恢复C:P呈先增加后减小的趋势，在灌丛出现峰值时，SOC和TP含量随植被恢复虽都呈增加趋势，但恢复初期，SOC含量增加幅度较TP含量要高，而恢复中后期，SOC含量增加幅度较TP含量要低，导致其C:P先增加后降低的变化趋势。在土壤剖面上，表层土壤C:P基本上显著高于底层土壤，其原因可能与土壤中碳素、磷素来源的差异性有关；在剖面层次上，不同土层SOC含量的降低程度较TP含量要高得多，致使表层的C:P要高于底层；土壤N:P可作为衡量N饱和的指标，指示植物生长过

程中土壤养分元素的供应状况,并被用于确定养分限制的阈值(曹娟等,2015);但也有学者认为,植物除了从土壤中吸收养分外,还能在其叶片衰老和凋落前对养分进行重吸收(Vergutz et al.,2012),因此,土壤N:P可能并不能很好地反映植物生长的养分限制状况。本研究中,土壤N:P的平均值为3.96±0.28,低于全国的5.20(Tian et al.,2010),说明该地的N含量较低及P含量较为丰富,植被恢复过程中,土壤N:P在灌丛阶段出现峰值,草丛和灌丛阶段N:P都显著高于次生林和原生林阶段,说明植被恢复前期土壤TN含量的增加幅度较TP含量的要大,而到恢复中后期,土壤TN含量的增加幅度较TP含量的要小,导致恢复前期的N:P较高;在土壤剖面上,由于TP与TN含量在土壤剖面降低程度相对一致,各土层N:P的差异多数未达到显著水平。

　　土壤微生物生物量C、N、P化学计量比会受到土壤C、N、P资源有效性的影响,与土壤养分状况具有很强的关联性,因此常被用来研究土壤的养分限制情况(Mooshammer et al.,2014)。本研究中的MBC:MBN与C:N、MBC:MBP与C:P显著正相关,MBN:MBP与N:P无显著相关,可能与生物区系和气候因子有关以及与相关土壤微生物生物量具有内稳态的特性有关(Li et al.,2012;Xu et al.,2013;Zhou et al.,2015)。此外,本研究中不同植被恢复阶段土壤MBC:MBN、MBC:MBP、MBN:MBP的变化规律并不一致,MBC:MBN在不同植被类型中没有差异显著性,说明MBC:MBN在不同植被恢复阶段具有一定的稳定性,这与前人的研究相似(Raiesi & Salek-Gilani,2018)。另外,有研究表明土壤MBC:MBN可以反映土壤中真菌和细菌的比例,比值增大,表明真菌数量增多,即MBC:MBN可以反映土壤中微生物的种类组成(Cui et al.,2019a);MBC:MBP表现为灌丛>草丛>次生林>原生林,灌丛阶段显著高于次生林和原生林阶段;MBN:MBP表现为灌丛>草丛>原生林>次生林,灌丛阶段显著高于次生林和原生林阶段,说明植被恢复初期,土壤P限制会降低MBP。本研究中,在土壤剖面上,土壤微生物生物量C、N、P化学计量比无明显规律,仅在原生林阶段表层MBC:MBN显著高于底层,说明微生物生物量C:N:P具有一定的稳定性(Cleveland & Liptzin,2007)。

　　当环境中某种养分的有效含量很低时,微生物就会分泌更多与该养分对应的胞外酶催化有机物分解、释放对应养分以满足自身养分的需求(Cui et al.,2019b)。因此,通过比较不同养分元素胞外酶活性可以确定微生物群落的养分限制情况以及环境养分元素的供应状况(Cui et al.,2021)。本研究中,C:N_{EEA}随植被的恢复先增加后减少，$C:N_{EEA}$ 在灌丛阶段出现最大值，原生林阶段出现最小值，$C:P_{EEA}$ 最大值出现在次生林阶段，最小值出现在草丛阶段，$N:P_{EEA}$ 随植被恢复而整体趋于增加，次生林和原生林阶段都显著高于草丛和灌丛阶段，说明植被恢复灌丛阶段时，土壤N素的限制达到最高，灌丛阶段后土壤N限制开始得到缓解，但开始加重了土壤P的限制。植被恢复后，地上植物的快速生长促使N、P元素由土壤向植物大量转移，土壤中的P属于沉积型元素，主要来源于矿物岩石的缓慢风化作用（殷爽等，2019），而N元素主要来源于微生物对凋落物的分解作用（李明军等，2018），土壤P比N更难得到补给，因此植物对养分的吸收更易导致土壤P的减少，从而加重土壤中P的限制。随着植被恢复地上植物存在对营养元素的再吸收现象，凋落物中磷含量增加导致C:P降低，当磷进入土壤以后，土壤微生物需要提高磷循环相关酶的活性以降解归还的凋落物（何斌等，2019）。在本研究中，在土壤剖面上，仅草丛阶段的 $C:N_{EEA}$ 和 $C:P_{EEA}$ 存在显著差异，其他阶段的胞外酶化学计量差异均未达到显著水平，这可能是由于微生物生物量C:N:P在土壤剖面上具有一定的稳定性，所以土壤胞外酶化学计量比也表现出相对稳定（Cleveland & Liptzin，2007；Sinsabaugh et al.，2008）。

  本研究探讨了土壤因子、微生物因子与土壤酶活性之间的相关关系，结果表明土壤胞外酶受土壤养分含量、微生物生物量、土壤pH和EC的影响，剔除存在共线性的环境因子后，SOC、TN和EC这三个因素对植被恢复过程中土壤胞外酶活性及其化学计量比变化的解释程度最高，随植被恢复，SOC、TN和EC变化明显，这些因素对微生物生长繁殖产生影响，因而影响土壤酶活性及其化学计量比。本研究中，相关性分析结果表示，土壤BG、NAG、LAP和AP酶活与SOC、TN和EC呈正相关关系，说明植被恢复过程中土壤养分变化与胞外酶活性具有趋同性。LAP、BG、AP和NAG是土壤微生物分泌的用于催化水解大分子有机物为小分子葡萄糖、氨基酸和磷酸盐的生物催化剂（Malik，2019），因此其活性依赖于SOC和TN含量。喀斯特植被恢复过程中，土壤中的无机N主要来源于硝化和氨化作用，因而受土壤N循环相关酶的正影响。土壤电导率反映了一定水分条件下土壤盐分的实际状况，影响到土壤养分的转化、存在状态及有效性，是限制植物和微生物活性的阈值（吴月茹等，2011），当微生物可吸收的养分含量降低时，胞外酶活性增强以维持微生物C、N、P的内稳性，土壤中可溶性盐离子浓度随之升高，土壤EC值变大。

CHAPTER
6

第六章

植被恢复过程中根际土和细根生态化学计量特征对季节性干旱的响应

6.1 引言

季节性干旱是一年中特定季节或时间段内降水量显著减少或持续不足的干旱现象（黄晚华等，2013；Hao et al., 2018）。通常，在某个季节或时间段内，气候条件使得降水量明显下降，导致该地区缺水、土壤变干并影响生态系统和农业生产。季节性干旱可能是由气候因素（如季风、厄尔尼诺现象）或地理因素（如地理位置、地形）引起的（陈燕丽等，2019）。在全球气候变化影响下，全球一些地区的季节性干旱正在变得更加严重（IPCC, 2014；Yang et al., 2015）。据预测，全球气候变化将改变降水模式，导致世界许多地区的干旱频率加快和强度上升（Sanaullah et al., 2012；Schuster et al., 2017；Schwalm et al., 2017）。

干旱会对陆地生态系统的结构和功能产生影响。由于水是生态过程的主要驱动因素，干旱可能改变生态系统的C和N循环（Sardans et al., 2008a）。越来越多的证据表明，干旱的增加将改变陆地生态系统土壤C、N和P循环（Delgado-Baquerizo et al., 2013；Wang, 2014）。干旱还会影响植物生长（McDowell et al., 2015）、生态系统生产力（Farooq et al., 2012）和其他生态系统功能（Ledger et al., 2013）。在全球范围内，干旱条件下，叶片、嫩枝、根系和土壤的C含量显著降低（Deng et al., 2021）。这种减少可能归因于气孔导度的降低和参与光合作用过程的关键酶（如核酮糖-1,5-二磷酸羧化酶）活性的降低（Parry et al., 2002；Flexas et al., 2006）。干旱可能会降低净初级生产量（Net primary production, NPP）和植物C浓度（Albert et al., 2011），从而导致有机物进入土壤的投入减少。有研究表明，干旱会降低土壤中生物控制元素（如C、N）的浓度以及土壤C:P和N:P比值，干旱增加将潜在地解耦土壤C和N与P的循环（Sardans et al., 2008a）。C:N:P化学计量学是预测植物生产力以及碳封存如何应对未来气候变化情景的有力工具（Elser et al., 2007；Yue et al., 2017）。养分有效性和化学计量在调节生态系统功能和服务方面发挥着关键作用，如养分循环、栖息地变异、凋落物分解、食物生产和质量(Zechmeister-Boltenstern et al.,2015)。尽管干旱可能极大地影响生态系统的功能和服务,但其对生态系统 C:N:P 化学计量特征的影响仍然知之甚少(Yue et al.,2017)。

根际土是植物根系周围的土壤区域,植物通过根系与土壤进行物质和能量交换,研究根际土可以了解植物根系与土壤微生物、土壤有机质、养分等之间的相互作用机制。土壤养分有效性直接影响植物对养分的吸收和同化(Zhang et al.,2019b),而植物以根系和凋落物渗出物的形式为土壤生物提供基质,驱动C、N 和 P 循环过程,从而影响土壤养分有效性(Wang & Zheng,2021)。因此,土壤中的 C、N 和 P 含量及其比例是土壤矿化、养分循环和植物养分供应的重要指标(Zhang et al.,2019c)。细根作为植物地下和地上部分的重要联系,是植物吸收、储存和运输水和养分的主要器官,在植物和土壤之间的能量流动和物质交换中起着关键作用(Sarai et al.,2022)。因此,细根的 C:N:P 化学成分反映了植物对环境的反应和适应性,包括植物生长过程中的 C 同化能力和养分利用效率,可用于诊断限制性元素(Nadelhoffer,2000;Cao et al.,2020)。

受东南季风和西南季风的影响,广西西南地区的降雨量分布通常具有明显的季节性差异,形成较明显的干湿交替季节(Guo et al.,2017)。该区域年均降雨量 1 200—1 500 mm,集中于 5—9 月(占 76%),而 11 月至翌年 2 月降雨较少(王斌等,2014)。在热带气候条件下发展起来的喀斯特季节性雨林是全球最为独特的森林生态系统,被认为是隐地带性的土壤演替顶极群落(李先琨等,2003;朱华,2017)。在雨季,每年可达到 1 500 mm 的降雨量,使得喀斯特季节性雨林植被繁茂,而在旱季,由于水源的短缺,植被生长减缓(向悟生等,2004)。这种干湿季节性变化塑造了北热带喀斯特植被的物种多样性、生态系统稳定性和适应能力。迄今为止,尚不清楚喀斯特地区季节性干旱对植物根际土和细根的生态化学计量特征有何影响。因此,本研究分析了广西北热带喀斯特草丛、灌丛和森林 3 种植被类型中植物根际土和细根 C、N、P 化学计量特征对季节性干旱的响应。主要研究目的是:(1)揭示北热带喀斯特地区自然植被恢复过程中根际土和细根中 C、N、P 含量及其化学计量特性的季节性变化格局;(2)解析不同季节根际土和细根 C、N、P 含量及其化学计量特性之间的关系。本研究结果将为研究北热带喀斯特生态系统养分循环的环境因子调控提供新的见解。

6.2 研究方法

研究地概况、样地调查、样品采集与分析、统计分析等参见第二章。

6.3 研究结果

6.3.1 季节性干旱对根际土C、N、P含量及其化学计量特征的影响

由线性混合模型分析可知,除了N:P比外,植被恢复显著影响了根际土C、N、P含量及其计量比,而季节仅对土壤P含量和C:P比产生显著影响,植被恢复阶段和季节的交互作用并未对C、N、P含量及其计量比产生显著影响(表6-1)。由图6-1可知,根际土的碳含量随植被恢复显著增加,而正常雨季、正常旱季和极端旱季并未对其产生显著影响(图6-1A)。根际土的氮含量同样随植被恢复而增加,此外,极端旱季显著降低了森林中植物根际土N含量,而正常旱季和极端旱季对草丛和灌丛根际土N含量并无显著影响(图6-1B)。与N类似,根际土P含量也随植被恢复而增加,而正常旱季或极端旱季降低了根际土P含量(图6-1C)。我们发现,在森林中,相对于正常雨季,旱季显著提高了根际土的C:N比,而灌丛和草丛中季节性变化并未对其植物根际土C:N比产生影响(图6-1D)。无论是草丛、灌丛或森林,相对于正常雨季,极端旱季均显著增加了根际土的C:P比(图6-1E)。极端旱季显著增加了草丛和灌丛的根际土的N:P比,而森林根际土N:P比则无显著变化(图6-1F)。

6.3.2 季节性干旱对细根C、N、P含量及其化学计量特征的影响

细根的C含量不受恢复阶段、季节及其交互作用的影响（表6-1）。细根的N、P含量以及C:N比、C:P比、N:P比均显著受到植被恢复的影响，而季节显著影响了C:N和C:P比，恢复阶段和季节的交互作用仅显著影响C:N比（表6-1）。由图6-2可知，细根C含量恒定，植被恢复和干旱对其无显著影响（图6-2A）。细根N含量随植被恢复而增加。与正常雨季相比，正常旱季或极端旱季显著降低了草丛和灌丛植物细根N含量，而对森林细根N含量无显著影响（图6-2B）。与正常雨季相比，正常旱季或极端旱季也显著降低了草丛和灌丛细根P含量，而对森林无显著影响（图6-2C）。相较于正常雨季，极端旱季显著提升了草丛细根C:N比，而灌丛和森林中季节性干旱对其无显著影响（图6-2D）。极端旱季同样显著提高了草丛和森林细根的C:P比（图6-2E）。对于细根的N:P比，极端旱季显著提升了森林和灌丛细根的N:P比，而对草丛细根N:P比则无显著影响（图6-2F）。

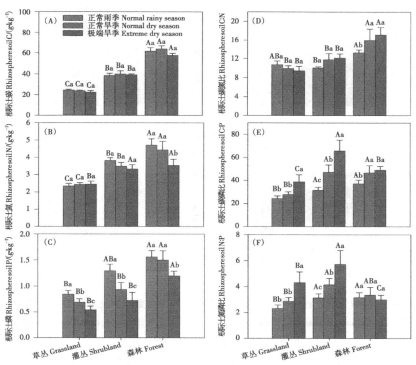

图6-1 植被恢复过程中季节性干旱对根际土C、N、P含量及其化学计量比的影响

Fig. 6–1 The impact of seasonal drought on the rhizosphere soil C, N, P content, and stoichiometric characteristics during vegetation restoration

不同的大写字母在柱状图上表示恢复阶段之间存在显著差异,而不同小写字母表示季节之间存在显著性(P<0.05);数值为均值±标准误。Different capital letters above the bars indicate significant differences among restoration stages, and lowercase letters indicate significant differences among seasons ($P<0.05$). Values are the mean ± standard error.

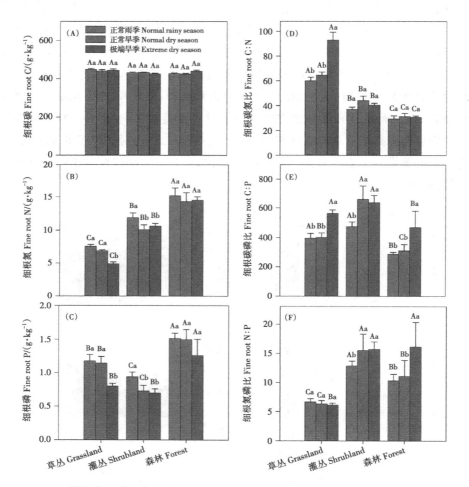

图6-2 植被恢复过程中季节性干旱对细根C、N、P含量及其化学计量特征的影响
Fig. 6–2 The impact of seasonal drought on the fine root C, N, P content, and stoichiometric characteristics during vegetation restoration

不同的大写字母在柱状图上表示恢复阶段之间存在显著差异,而不同小写字母表示季节之间存在

显著性（$P<0.05$）；数值为均值±标准误。Different capital letters above the bars indicate significant differences among restoration stages, and lowercase letters indicate significant differences among seasons （$P<0.05$）. Values are the mean ± standard error.

表6-1 植被恢复和季节对根际土和细根C、N和P含量及其化学计量比的线性混合模型分析

Table 6-1 Results of the linear mixed models to evaluate the effects of restoration, seasons and their interaction on C, N, and P contents and their stoichiometry in rhizosphere soil and fine roots.

	变量 Variables	恢复阶段 Restoration stage(R)	季节 Season(S)	$R \times S$
根际土 Rhizosphere soil	C	105.681**	0.602	0.282
	N	16.912**	1.382	0.776
	P	8.967**	5.134*	0.212
	C:N	8.158**	0.676	0.613
	C:P	4.919*	4.804*	0.870
	N:P	2.080	2.492	0.871
细根 Fine root	C	3.530	0.310	0.856
	N	44.781**	1.648	0.468
	P	11.105**	2.390	0.254
	C:N	74.475**	6.162**	5.433**
	C:P	6.354**	3.311*	0.532
	N:P	6.776**	0.688	0.422

The F values are shown in the table. *$P < 0.05$, **$P < 0.01$.

6.3.3 根际土和细根C、N、P含量及其化学计量特征间的关系

由图6-3可知,在正常雨季,根际土C含量与细根C和N含量间均有显著相关关系;根际土N含量与细根C和N含量间也存在显著相关性;细根C和N含量之间则表现为显著负相关关系。根际土C:P比与根际土N:P比以及细根C:N和C:P比之间均存在显著相关性,细根C:N和N:P比之间则表现为显著负相关关系。分析正常旱季根际土和细根C、N、P含量及其化学计量比的相关性(图6-4),根际土C与根际土N和P含量间,根际土C和细根N之间均有显著正相关性;根际土N与细根N含量以及根际土P与细根P含量也存在显著相关性;除了与根际土C:N比外,根际土C:P比与其他变量间均存在显著相关性,细根C:P和N:P比之间也表现为显著正相关关系。由图6-5可知,在极端干旱季节,根际土C、N、P含量之间的相关与正常旱季表现较为相似,而其化学计量比间相关性差异较大。例如,在极端干旱季节根际土C:P和N:P比间为显著正相关;细根C:N和C:P比与细根N:P比间分别呈现显著负相关和正相关关系。根际土和细根的C、N、P化学计量比间无显著相关性。

RDA分析表明(图6-6),排序轴第一轴解释了34%的变量变化,而第二轴解释了33%的变量变化。土壤含水量和pH均显著影响根际土和细根的C、N、P含量及其计量比。

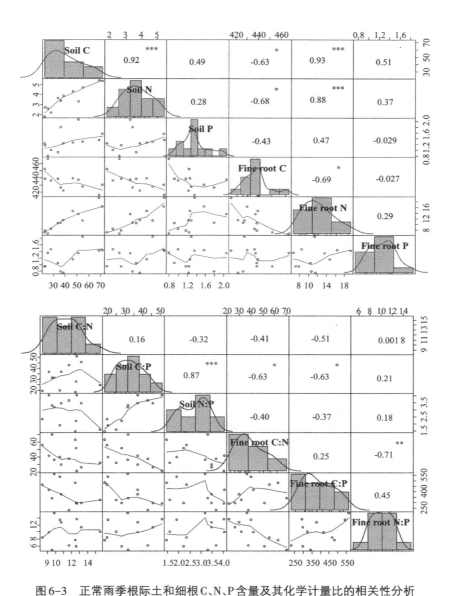

图 6-3　正常雨季根际土和细根 C、N、P 含量及其化学计量比的相关性分析

Fig. 6-3　Correlation coefficients of C, N, and P contents and C:N, C:P, and N:P ratios in rhizosphere soil and fine roots in normal rainy season

*, $P<0.05$; **, $P<0.01$; ***, $P<0.001$。

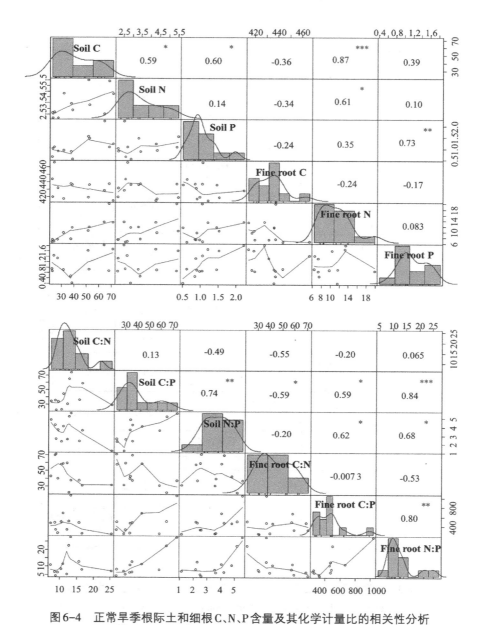

图6-4 正常旱季根际土和细根C、N、P含量及其化学计量比的相关性分析

Fig. 6-4 Correlation coefficients of C, N, and P contents and C:N, C:P, and N:P ratios in rhizosphere soil and fine roots in normal day season.

*, $P < 0.05$; **, $P < 0.01$; ***, $P < 0.001$。

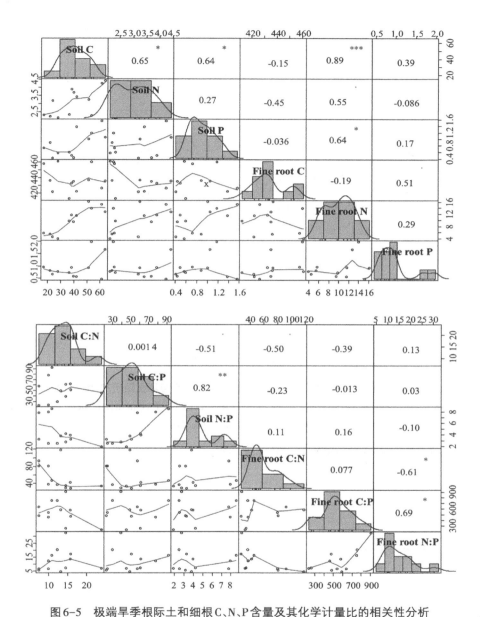

图 6-5 极端旱季根际土和细根 C、N、P 含量及其化学计量比的相关性分析

Fig. 6-5 Correlation coefficients of C, N, and P contents and C:N, C:P, and N:P ratios in rhizosphere soil and fine roots in extreme day season

*, $P < 0.05$; **, $P < 0.01$; ***, $P < 0.001$。

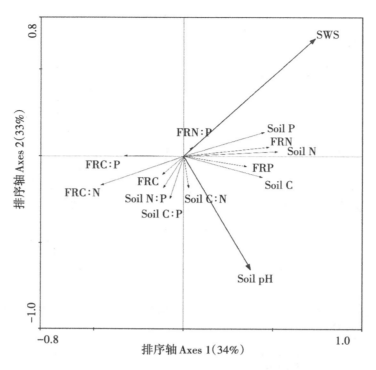

图6-6 根际土和细根C、N、P含量及其化学计量比与环境因子的RDA分析

Fig. 6-6 RDA analysis of the rhizosphere soil and fine root C, N, P content, and stoichiometric ratios with environmental factors

SWS:土壤含水量 Soil water content;Soil pH:土壤pH值。

6.4 讨论

6.4.1 植被恢复过程中根际土化学计量特征对季节性干旱的响应

以往的研究表明,干旱(如,季节性干旱)可能会增加森林凋落物(Liu *et al.*, 2015),降低凋落物质量(Prieto *et al.*, 2019)和凋落物分解率(Sanaullah *et al.*,

2012),也会改变土壤酶活性和微生物组成(Ge et al.,2022),这些都将影响元素的生物地球化学特性,降低土壤养分的有效性,进而导致植被生产力的下降,生态系统功能和服务随之发生变化(Zhou et al.,2018b)。干旱对不同气候区、不同生态系统的影响可能不尽相同(He & Dijkstra,2014)。对于中国西南的北热带喀斯特生态系统,我们的研究证明了该区域季节性变化(特别是极端干旱)会影响根际土壤C、N、P含量及其化学计量比(图6-1和图6-2)。

长期的干旱可加速土壤C损失,而短期干旱对土壤C的影响受植被类型、生态系统特征的影响较大(Deng et al.,2021)。本研究发现,正常雨季、正常旱季和极端旱季并未对根际土C含量产生显著影响(图6-1A)。干旱不仅影响地上C进程(如,光合作用、NPP和植物多样性)(Hulshof et al.,2013;Griffin-Nolan et al.,2018),还通过影响地上和地下生物量的C输入来影响土壤C储量(Wu et al.,2018)和土壤有机质(SOM)矿化的C输出(Canarini et al.,2017)。此外,温度和水分在调控SOM分解过程中起关键作用(王霖娇等,2017)。例如,Zhou等(2018)发现,相对于850 mm/年的环境降雨量,年降雨量减少50%会使凋落物分解率降低约19%。Nielsen和Ball(2015)也发现,干旱显著影响了C分解速率,并导致CO_2释放到大气中,从而导致土壤中C的损失。在北热带喀斯特地区,雨季的高温和降雨很可能会加速有机质的分解,而旱季的缺水环境和相对低温可能会放缓土壤有机质的分解。本研究中,相对于雨季,季节性干旱很可能会导致喀斯特草丛、灌丛和森林的凋落物增加,但同时干旱也会降低凋落物分解速率。因此,不同于长期干旱地区,北热带喀斯特地区短期的季节性干旱对SOC无显著影响。

与土壤C动态类似,干旱也直接或间接地影响土壤氮动态。土壤氮动态直接取决于N_2固定、硝化和反硝化、氮矿化以及植物氮吸收过程(Borken & Matzner,2009)。N周转过程对干旱胁迫的敏感性可能取决于生态系统类型,尽管总N浓度在干旱条件下大幅下降,但可溶性有机N(DON)和矿物N(Nmin)的有效性可能会大幅增加,从而促进植物吸收氮的有效性(Dannenmann et al.,2009)。然而,也有研究发现干旱对土壤溶液中的NH_4^+和NO_3^-没有影响,甚至对干旱数年后的TN也没有影响(Johnson et al.,2002,2008)。造成这种差异部分是由干旱的强度和持续时间决定的(Borken & Matzner,2009)。本研究表明,极端旱季显著降低了北热带喀斯特森林中植物根际土N含量,虽然正常旱季和极端旱季降低了草丛和灌丛根际土N含量,但无显著性差异(图6-1B)。在雨季,凋落物分解快，土壤N含量较高，而旱季凋落物分解速率降低，虽然植物受干旱影响对N吸收有所减少，但整体上土壤N水平会随干旱而降低。受季节性干旱影响，喀斯特草丛和灌丛中根际土N含量无显著变化，这与N输入量降低以及部分草本或矮小灌木因干旱死亡（特别是极端干旱）导致N吸收量降低有关；而在喀斯特森林，根际土N含量显著降低，这与土壤N输入量降低有关，但高大木本植物为维持正常的代谢需求，吸收土壤中N导致TN（如NH_4^+和NO_3^-）含量显著降低。

P元素由凋落物分解、土壤矿化或成土作用形成，少部分来源于降水驱动下的磷沉降（Runyan et al., 2013），而雨季强烈的冲刷和淋溶作用会造成大量的土壤磷淋溶（Crous et al., 2015）。雨水淋溶作用可能导致下坡或地势低洼处土壤P富集，而在旱季凋落物分解速率降低、无淋溶作用，加上植物吸收，导致P含量降低。本研究表明，与正常雨季相比，正常旱季或极端旱季显著降低了草丛、灌丛和森林中植物根际土P含量（图6-1C）。不同于非喀斯特地貌，北热带喀斯特地区多是由溶蚀作用形成的石灰岩地貌，地下水通过洞穴、裂隙和地下河流等途径流失，使得土壤中的水分供应减少。石灰岩土壤通常排水性较好，水分很容易迅速渗透到地下。因此，土壤保水能力较差，难以满足植物的需水量（Wang et al., 2019b）。加上季节性干旱的影响，会导致土壤水分低于邻近的非喀斯特地貌。土壤水分的降低减缓了矿物质的解离和微生物的活动，降低了土壤中P的有效性。因此，短期季节性干旱条件下土壤磷含量通常会减少。然而，具体影响程度还取决于土地利用类型、土壤类型、干旱程度和干旱持续时间等因素。

季节变化可能会影响土壤养分的生态化学计量特征（Li et al., 2017; Liu & Wang, 2021）。例如，Asensio等（2021）研究表明，季节性和实验性干旱一致增加了土壤有机碳（EOC）、可提取总氮（ETN）的水平，而秋季可提取总磷（ETP）的减少加重了土壤可提取P与C和N之间的失衡，增加了P限制的可能性。一项长期的地中海森林干旱实验也表明，干旱会改变土壤中C和N的积累，降低C和N的土壤循环速度，并减少了群落水平上的C和N含量（Sardans et al., 2008b）。本研究表明，北热带喀斯特森林季节性干旱显著提升了根际土的C:N比，而灌丛和草丛中季节性变化并未对其植物根际土C:N比产生显著影响（图6-1D）。此外，喀斯特草丛、灌丛和森林中，极端季节性干旱均显著提升了根际土的C:P比（图6-1E），极端干旱显著提升了草丛和灌丛根际土的N:P比，而森林根际土

N:P比则无显著变化(图6-1F)。极端旱季森林根际土的C:N比和C:P比的增加与根际土C维持相对恒定,而N和P降低有关(图6-1A、B和C),而草丛和灌丛根际土的N:P的增加则表明受干旱影响P的降低可能大于N。土壤的C:N、C:P和N:P比被认为是评估陆地生态系统土壤质量和养分限制的指标(Sun et al., 2020; Liu et al., 2023)。土壤C:N比反映了土壤的肥力,并用于评估土壤中C和N的平衡(Tian et al., 2010),C:N比的稳定可能与凋落物分解过程中C和N浓度的临时耦合有关(Yang & Luo, 2011)。土壤C:P比是土壤磷有效性的指标,也是土壤微生物对磷的固定的衡量指标(Tian et al., 2010),而土壤N:P比则是预测N饱和度的指标,可用于评估养分限制的阈值(Peñuelas et al., 2012)。迄今为止,很少有研究评估季节性干旱对土壤肥力、养分有效性以及养分限制的影响(Li et al., 2017; Liu & Wang, 2021)。上述研究结果为评估季节性干旱及其强度对喀斯特生态系统土壤性质(养分动态)和植物–土壤反馈关系的影响提供了重要参考。

6.4.2 植被恢复过程中细根化学计量特征对季节性干旱的响应

干旱可能导致植物生长的减少,甚至死亡(Sardans & Peñuelas, 2012)。同时,为了适应环境的变化,植物可以调节自身营养物质的相对丰度来适应环境。植物组织(或器官)中养分含量的变化可能是利用和储存效率之间的权衡关系(Trade-off relationship)决定的(Gargallo-Garriga et al., 2015)。C占植物总生物量的一半以上(Tang et al., 2018b),有研究表明,干旱处理对杉木叶片C浓度没有影响,说明杉木"C经济"(Carbon economy)涉及的参数是保守的(Gao et al., 2021)。不同于植物叶片,细根是与土壤直接接触的器官,对土壤环境变化可能更为敏感。本研究表明,喀斯特不同植被类型中植物的细根C含量恒定,植被恢复和干旱对其无显著影响(图6-2A)。作为植物的基本骨架元素,C在植物中保持良好的平衡(Braakhekke & Hooftman, 1999)。有证据表明,热带干旱森林中的树木在旱季减少了根系产量,随后在雨季增加了根系生长(Rojas-Jiménez et al., 2007)。喀斯特植物对季节性干旱或地质性干旱的长期适应可能是维持其细根C含量恒定的潜在原因。

本研究表明,正常旱季或极端旱季显著降低了喀斯特草丛和灌丛植物细根N和P含量,而对森林植物细根N和P含量无显著影响(图6-2B和C)。一般来说,高大木本植物能从更深的土层获取水分和养分,而草本植物或低矮灌木根系不如树木发达,获得水分和养分的能力较弱,因此它们比乔木树种受到干旱影响更显著。旱季,特别是极端旱季,气温下降,干旱致使植物光合作用降低,从而影响草本植物或低矮灌木细根对土壤N、P的吸收,而高大树木能够利用深层土壤或喀斯特裂隙中的水分,干旱可能会降低高大树木细根N和P含量,但其影响要明显低于低矮植物。然而,在雨季植被生物量的增加导致植物需要更多富含N和P的物质(如酶、运输蛋白等)来参与代谢活动,这增加了细根的营养吸收(Su et al., 2019)。因此,在本研究中,植物细根的N和P含量受到植物生长型(Plant growth type)(如,草本、灌木和树木)和干旱强度的共同影响。

季节(温度和降水)会影响植物器官的生态化学计量特征。例如,Orgeas 等(2002)发现季节是影响栎树(Quercus suber)化学计量的主要因素,主要表现为叶片老化。本研究表明,极端旱季显著提升了北热带喀斯特草丛植物细根C:N比,而灌丛和森林中季节性干旱对植物细根C:N无显著影响(图6-2D)。极端旱季显著提高了草丛和森林植物细根的C:P比(图6-2E)。对于细根的N:P比,与正常旱季相比,极端旱季仅显著提升了森林植物细根的N:P比,而对草丛、灌丛植物细根N:P比则无显著影响(图6-2F)。生长速率假说(Growth rate hypothesis)认为N:P比与植物生长速率呈负相关(Matzek et al., 2009),因此极端旱季下N:P比最高,表明极端干旱很可能降低了喀斯特植物细根的生产和周转。本研究中,细根的C:N和C:P比随着季节的变化而改变,这主要与N、P营养物质的迁移和稀释有关。

细根的C:N:P化学计量反映了植物对环境的响应和适应性,包括植物生长过程中的碳同化能力和养分利用效率,并可用于诊断限制元素(Nadelhoffer, 2000; Cao et al., 2020)。细根C:N和C:P比率表示植物N和P的利用效率和根系的周转率,比率越高表示细根周转率越低(Cao et al., 2020)。因此,本研究表明,极端干旱显著增加了草丛的C:N和C:P比,降低了草本植物细根周转率。以前的研究也表明,不同植被类型的植物C:N和C:P比率不同(Su et al., 2019)。众所周知,N和P是影响初级生产力的主要因素,对植物的代谢、生理和生长起着关键作用(Güsewell, 2004)。因此,植物N:P比率可以表征土壤中N和P的可用性。以前的研究表明,植物N:P比值<14通常表明氮的限制,而N:P比值>16通常表明磷的限制(Reich, 2015)。在本研究中季节性干旱对N:P比的改变表明干旱可能影响植物对N和P的吸收,进而影响生态系统的元素限制。

6.4.3 根际土和细根 C、N、P 含量及其化学计量特征间的相关关系

本研究表明,在正常雨季,根际土 C 含量与细根 C 和 N 含量间均有显著相关关系,根际土 N 含量也与细根 C 和 N 含量间存在显著相关性。此外,根际土 C:P 比与 N:P 比以及细根 C:N 和 C:P 比之间均存在显著相关性,细根 C:N 和 N:P 比之间则表现为显著负相关关系,这种关系表征了根际土和细根之间的养分交换。Lu 等(2022)也同样表明细根与土壤间存在显著的相关关系。细根是植物的主要碳流出口,通过分泌酶类和与土壤微生物相互作用,促进土壤有机质的分解和循环(Li et al., 2022)。有机物的积累和分解是土壤供 N 的主要来源(Nardoto et al., 2014)。因此,土壤中的 C 含量与土壤中的 N 含量有明显的关系。细根是吸收和运输土壤养分的重要器官,其养分含量与土壤养分供应能力直接相关(Makita et al., 2011)。土壤有机物的积累和分解释放出更多的可用氮,随着植被的恢复,促进细根对 N 和 P 的吸收。此外,细根生物量的增加促进了根系渗出物的释放,增加了根瘤微生物可利用的营养物质的功效,而细根周转率加快,这两点都有助于 SOC 和 TN 的增加。因此,细根的 N 和 P 含量可以在一定程度上显示土壤肥力(Lambers et al., 2008)。

在正常旱季,根际土 C 与根际土 N 和 P 含量间,根际土 C 和细根 N 之间均有显著正相关性,根际土 C:P 比与其他变量间均存在显著相关性,这与根际土和细根 C、N、P 含量的变化密切相关,也与干旱对植物细根生产的限制有关。在极端干旱季节,根际土和细根的 C、N、P 化学计量比间无显著相关性,但根际土 C:P 和 N:P 比间为显著正相关,细根 C:N 和 C:P 比与细根 N:P 比间分别呈现显著负相关和正相关关系。这些研究结果表明季节性干旱会影响根际土和细根 C、N、P 含量及其计量比例之间的关系,但这些关系可能还会受到土壤胞外酶和土壤微生物介导和调节(Sinsabaugh et al., 2008; Boudjabi & Chenchouni, 2022)。因此,进一步研究需要明确季节性干旱与其他生物与非生物之间的联系,进而进一步确定干旱对根际土和细根生态化学计量特征的影响。本研究的 RDA 分析,进一步表明土壤含水量和 pH 均显著影响根际土和细根的 C、N、P 含量及其计量比。

CHAPTER
7

第七章

结论与展望

7.1 结论

解析生态系统的生态化学计量特征对于掌握生物地球化学循环过程、植物生理生态过程、生态系统功能,进而指导生态系统养分管理、判断生态系统的养分限制状况、预测植被动态等具有重要意义。本研究以广西弄岗国家级自然保护区的北热带喀斯特植被为研究对象,分析了不同植被恢复阶段的植物器官C、N、P化学计量特征变化,揭示了喀斯特植物的养分分配策略和变异性及其化学计量的内稳定性特征。同时解析了喀斯特植物-凋落物-土壤连续系统中C、N、P化学计量特征及其调控因素,明确了植被恢复进程中不同深度土壤微生物量C、N、P含量和4种与C、N、P循环密切相关的胞外酶(BG、NAG、LAP、AP)活性的化学计量特征及其驱动因素。此外,进一步探讨了植被恢复过程中根际土和细根生态化学计量特征对季节性干旱的响应规律。本研究的主要结论如下:

(1)本研究表明不同植被恢复阶段植物器官的C、N、P含量及其化学计量比有明显差异,同一生活型不同恢复阶段各器官的变化趋势一致。植物C含量相对稳定,N和P含量呈增加趋势,化学计量比随植被恢复减小;同一植被恢复阶段内,不同生活型植物的C含量表现为木本植物>草本植物,乔木>灌木,N、P含量与C含量相反;植物生长过程中更倾向于将限制元素分配给更活跃器官(如根和叶)以维持功能稳定性。草本植物地下部分的元素变异性更大,具有更高的元素可塑性。不同植被恢复阶段植物生态化学计量具有内稳性,同一器官内各元素的内稳性大体表现为C>N>P,其化学计量比的内稳性更高,反映出植物在生长过程中按照一定的比例调控自身营养元素以维持自身养分相对稳定。N:P阈值结合内稳性可表征不同植被类型的元素受限制状况,其中草丛、次生林和原生林阶段植被主要受N限制,灌丛阶段植被主要受P限制。为更好促进喀斯特植被的恢复与重建,应注重对限制元素的供应。

(2)在北热带喀斯特地区,植物叶片的平均C、N、P含量分别为419.69、22.80

和 1.43 g·kg^{-1},其中 C 含量低于全球植物群落(461 g·kg^{-1}),表明北热带喀斯特植物 C 储存能力较弱,而叶片 N 含量高于中国陆生植物和全球植物群(18.6,20.1 g·kg^{-1}),叶片 P 浓度高于中国陆生植物(1.21 g·kg^{-1})而低于全球植物群(1.77 g·kg^{-1})。随着植被恢复,叶片 C 含量呈波动的下降趋势,而叶片 N、P 含量增加;凋落物的 C 含量下降,而 N 和 P 含量增加。草丛、灌丛、次生林和原生林叶片 N:P 分别为 11.80、20.60、17.46 和 16.06,呈现先增加再下降趋势。RDA 分析表明,土壤 AN、pH、TK 对叶片、凋落物和土壤 C、N、P 含量及其化学计量比的影响较大;SEM 分析表明植被恢复对凋落物具有显著负效应,而对土壤和叶片的影响不显著,凋落物对土壤和叶片,以及土壤对叶片的影响均为正效应。

(3)北热带喀斯特地区土壤微生物 C、N、P 含量和胞外酶活性随植被恢复逐步增加,随土壤深度增加而降低。灌丛阶段的土壤 MBC:MBP 和 MBN:MBP 比显著高于次生林和原生林,MBC:MBN 随土层加深而降低。植被恢复过程中土壤 C:N$_{EEA}$、C:P$_{EEA}$、N:P$_{EEA}$ 存在显著差异,不同土壤深度的胞外酶化学计量比基本保持稳定。植被恢复过程中土壤胞外酶活性及其化学计量特征的变化主要受 SOC、TN 和 EC 的影响。喀斯特植被自然恢复过程中 N 元素的限制较为严重,土壤胞外酶活性受到土壤养分和微生物的显著影响。

(4)本研究证实了北热带喀斯特植被根际土和细根的生态化学计量特征受季节性干旱的影响,但不同植被恢复类型以及季节性干旱的强度对生态化学计量特征的影响有所不同。雨季和旱季对根际土 C 无明显影响,但极端旱季显著降低了森林中根际土 N 和 P 含量,而对草丛和灌丛根际土 N 含量并无显著影响。旱季对细根 C 含量无显著影响,但正常旱季或极端旱季显著降低了草丛和灌丛细根 N 和 P 含量,而对森林细根 N 和 P 含量无显著影响。旱季显著提升森林根际土 C:N 比,而对灌丛和草丛根际土 C:N 比无显著影响。对于细根的 N:P 比,极端旱季仅显著增加了森林植物细根的 N:P 比,而对草丛和灌丛细根 N:P 比则无显著影响。本研究从根际土和细根的 C:N:P 化学计量变化视角反映了北热带喀斯特不同植被类型以及不同生活型植物对干旱季节的响应和适应策略,该研究结果可为喀斯特植被管理中应对极端气候提供理论指导。

上述研究结果对深入理解北热带喀斯特植被恢复过程中生态系统各组分之间的养分循环和植物的适应策略具有重要价值,为喀斯特退化生态系统的植被恢复与重建提供理论依据和科学指导。

7.2 展望

(1)本研究从器官、群落和生态系统等维度揭示了北热带喀斯特植被恢复过程的植物、凋落物和土壤的生态化学计量特征及其影响因素。世界喀斯特景观约占陆地总面积的15%，从热带到寒带的大陆和海岛均有喀斯特地貌发育，主要分布在我国、东南亚国家、地中海沿岸国家等区域，因此未来的研究应该加强多尺度(局域、区域或全球)和多维度(植物、动物、微生物、食物网等)的联网研究。例如，可探索我国不同纬度的喀斯特植被的生态化学计量特征格局及其驱动机制，可在海南俄贤岭、广西弄岗、广西三十六弄-陇均、贵州茂兰、重庆金佛山等地区纬度梯度上研究植物器官、植物-凋落物-土壤连续体的化学计量特征，探索大尺度C:N:P分布格局及其与气候、土地利用类型和植物功能群等的关系。

(2)全球变化及其后果是当前生态学研究的热点问题。在全球变化背景下，在如酸雨、干旱、氮沉降、增温等对植物、凋落物和土壤的生态化学计量特征变化的影响方面仍认识有限，而对于喀斯特生态系统这方面的研究几乎空白。因此，未来仍需加强植物生态化学计量特征如何响应并调控生态系统碳循环过程的研究。分析全球环境变化因子如何改变生态系统生态化学计量特征，如何影响植物的养分平衡状态，如何驱动陆地碳汇能力的动态变化。

(3)迄今对喀斯特地区土壤化学计量关系的微生物(细菌、真菌)驱动机制的理解还很有限。未来的研究可采用高通量测序等技术分析土壤微生物的关键物种和群落的化学计量特征以及它们的功能。这一研究对于理解喀斯特地区植物和土壤的生态化学计量特征变化规律以及生态系统中C、N和P循环过程具有重要意义，可进而提供关键的信息来评估和预测喀斯特地区土壤养分循环和生态系统的健康状况。

(4)目前,关于植物和动物之间化学计量特征的耦合关系以及随食物网的级联效应的研究还处于起步阶段。这一研究领域的发展具有重要意义,可以帮助我们理解不同营养级之间养分元素的循环过程。同时,从生态化学计量学的视角可评估更高营养级的养分吸收、利用和限制状况。该研究将有助于推动动植物生态化学计量学在动植物生产中的应用,以指导相关领域的实践和决策。在人为干扰和气候变化的双重作用下,喀斯特生态系统易于退化、土壤侵蚀、干旱等是世界喀斯特地区常面临的生态环境问题,致使喀斯特生态系统出现服务功能退化和生物多样性丧失等生态安全问题。因此,对于脆弱的喀斯特生态系统,探讨不同营养级间的生态化学计量关系,将有助于解决该生态系统面临的生态环境问题。

参考文献

英文文献

[1] ABS E, CHASE A B, ALLISON S D. How do soil microbes shape ecosystem biogeochemistry in the context of global change? [J]. Environmental microbiology, 2023, 25(4): 780-785.

[2] AGREN G I. Stoichiometry and nutrition of plant growth in natural communities [J]. Annual review of ecology, evolution, and systematics, 2008, 39: 153-170.

[3] ALBERT K R, MIKKELSEN T N, MICHELSEN A, et al. Interactive effects of drought, elevated CO_2 and warming on photosynthetic capacity and photosystem performance in temperate heath plants [J]. Journal of plant physiology, 2011, 168(13): 1550-1561.

[4] ALLISON V J, CONDRON L M, PELTZER D A, et al. Changes in enzyme activities and soil microbial community composition along carbon and nutrient gradients at the Franz Josef chronosequence, New Zealand [J]. Soil biology and biochemistry, 2007, 39(7): 1770-1781.

[5] ASENSIO D, ZUCCARINI P, OGAYA R, et al. Simulated climate change and seasonal drought increase carbon and phosphorus demand in Mediterranean forest soils [J]. Soil biology and biochemistry, 2021, 163: 108424.

[6] BAI R, XI D, HE J Z, et al. Activity, abundance and community structure of anammox bacteria along depth profiles in three different paddy soils [J]. Soil biology and biochemistry, 2015, 91: 212-221.

[7]BALDRIAN P. Ectomycorrhizal fungi and their enzymes in soils: is there enough evidence for their role as facultative soil saprotrophs?[J]. Oecologia, 2009, 161(4):657-660.

[8]BELL C, CARRILLO Y, BOOT C M, et al. Rhizosphere stoichiometry: are C:N:P ratios of plants, soils, and enzymes conserved at the plant species-level?[J]. New phytologist, 2014, 201(2):505-517.

[9]BELOVSKY G E. Diet optimization in a generalist herbivore: the moose[J]. Theoretical population biology, 1978, 14(1):105-134.

[10]BORKEN W, MATZNER E. Reappraisal of drying and wetting effects on C and N mineralization and fluxes in soils[J]. Global change biology, 2009, 15(4):808-824.

[11]BOUDJABI S, CHENCHOUNI H. Soil fertility indicators and soil stoichiometry in semi-arid steppe rangelands[J]. Catena, 2022, 210(2):105910.

[12]BRAAKHEKKE W G, HOOFTMAN D A P. The resource balance hypothesis of plant species diversity in grassland[J]. Journal of vegetation science, 1999, 10(2):187-200.

[13]BUCHKOWSKI R W, SCHMITZ O J, BRADFORD M A. Microbial stoichiometry overrides biomass as a regulator of soil carbon and nitrogen cycling[J]. Ecology, 2015, 96(4):1139-1149.

[14]CAMENZIND T, HÄTTENSCHWILER S, TRESEDER K K, et al. Nutrient limitation of soil microbial processes in tropical forests[J]. Ecological monographs, 2018, 88(1):4-21.

[15]CANARINI A, KIÆR L P, DIJKSTRA F A. Soil carbon loss regulated by drought intensity and available substrate: a meta-analysis[J]. Soil biology and biochemistry, 2017, 112:90-99.

[16]CAO Y, CHEN Y M. Ecosystem C:N:P stoichiometry and carbon storage in plantations and a secondary forest on the Loess Plateau, China[J]. Ecological engineering, 2017, 105:125-132.

[17]CAO Y, LI Y N, ZHANG G Q, et al. Fine root C:N:P stoichiometry and its driving factors across forest ecosystems in northwestern China[J]. Science of the total environment, 2020, 737:140299.

[18]CASTELLANOS A E,LLANO-SOTELO J M,MACHADO-ENCINAS L I, et al. Foliar C,N,and P stoichiometry characterize successful plant ecological strategies in the Sonoran Desert[J]. Plant ecology,2018,219(7):775-788.

[19]CHAPIN F S,MATSON P A,MOONEY H A. Principles of terrestrial ecosystem ecology[M]. New York:Springer,2002.

[20]CHAPIN F S,MATSON P A,VITOUSEK P M. Landscape heterogeneity and ecosystem dynamics[M]//Principles of terrestrial ecosystem ecology. 2nd ed. New York:Springer,2011:369-397.

[21]CHEN H,LI D J,XIAO K C,et al. Soil microbial processes and resource limitation in karst and non-karst forests[J]. Functional ecology,2018a,32(5):1400-1409.

[22]CHEN L L,DENG Q,YUAN Z Y,et al. Age-related C:N:P stoichiometry in two plantation forests in the Loess Plateau of China[J]. Ecological engineering,2018b,120:14-22.

[23]CHEN X,FENG J G,DING Z J,et al. Changes in soil total, microbial and enzymatic C-N-P contents and stoichiometry with depth and latitude in forest ecosystems[J]. Science of the total environment,2022,816:151583.

[24]CLEVELAND C C, LIPTZIN D. C:N:P stoichiometry in soil: is there a "Redfield ratio" for the microbial biomass?[J]. Biogeochemistry, 2007, 85(3):235-252.

[25]CLINTON P W,ALLEN R B,DAVIS M R. Nitrogen storage and availability during stand development in a New Zealand Nothofagus forest[J]. Canadian journal of forest research,2002,32(2):344-352.

[26]CRAINE J M,LEE W G,BOND W J,et al. Environmental constraints on a global relationship among leaf and root traits of grasses[J]. Ecology,2005,86(1):12-19.

[27]CROSS W F,BENSTEAD J P,FROST P C,et al. Ecological stoichiometry in freshwater benthic systems:recent progress and perspectives[J]. Freshwater biology,2005,50(11):1895-1912.

[28]CROUS K Y,ÓSVALDSSON A,ELLSWORTH D S. Is phosphorus limiting in a mature Eucalyptus woodland? Phosphorus fertilisation stimulates stem

growth[J]. Plant and soil, 2015, 391(1-2): 293-305.

[29] CUI Y X, BING H J, FANG L C, et al. Extracellular enzyme stoichiometry reveals the carbon and phosphorus limitations of microbial metabolisms in the rhizosphere and bulk soils in alpine ecosystems[J]. Plant and soil, 2021, 458(1): 7-20.

[30] CUI Y X, FANG L C, GUO X B, et al. Responses of soil bacterial communities, enzyme activities, and nutrients to agricultural-to-natural ecosystem conversion in the Loess Plateau, China[J]. Journal of soils and sediments, 2019a, 19(3): 1427-1440.

[31] CUI Y X, FANG L C, GUO X B, et al. Natural grassland as the optimal pattern of vegetation restoration in arid and semi-arid regions: Evidence from nutrient limitation of soil microbes [J]. Science of the total environment, 2019b, 648: 388-397.

[32] CUI Y X, MOORHEAD D L, WANG X X, et al. Decreasing microbial phosphorus limitation increases soil carbon release [J]. Geoderma, 2022, 419: 115868.

[33] DANNENMANN M, SIMON J, GASCHE R, et al. Tree girdling provides insight on the role of labile carbon in nitrogen partitioning between soil microorganisms and adult European beech[J]. Soil biology and biochemistry, 2009, 41(8): 1622-1631.

[34] DEFOREST J L. The influence of time, storage temperature, and substrate age on potential soil enzyme activity in acidic forest soils using MUB-linked substrates and L-DOPA[J]. Soil biology and biochemistry, 2009, 41(6): 1180-1186.

[35] DELGADO-BAQUERIZO M, MAESTRE F T, GALLARDO A, et al. Decoupling of soil nutrient cycles as a function of aridity in global drylands[J]. Nature, 2013, 502(7473): 672-676.

[36] DENG L, PENG C H, KIM D G, et al. Drought effects on soil carbon and nitrogen dynamics in global natural ecosystems [J]. Earth-Science reviews, 2021, 214: 103501.

[37] DIRKS I, NAVON Y, KANAS D, et al. Atmospheric water vapor as driver of litter decomposition in Mediterranean shrubland and grassland during rainless seasons[J]. Global change biology, 2010, 16(10): 2799-2812.

[38] DIXON R K, SOLOMON A M, BROWN S, et al. Carbon pools and flux of global forest ecosystems[J]. Science, 1994, 263(5144): 185-190.

[39] DU Y X, PAN G X, LI L Q, et al. Leaf N/P ratio and nutrient reuse between dominant species and stands: predicting phosphorus deficiencies in Karst ecosystems, southwestern China [J]. Environmental earth sciences, 2011, 64 (2): 299-309.

[40] ELSER J J, FAGAN W F, DENNO R F, et al. Nutritional constraints in terrestrial and freshwater food webs[J]. Nature, 2000a, 408: 578-580.

[41] ELSER J J, FAGAN W F, KERKHOFF A J, et al. Biological stoichiometry of plant production: metabolism, scaling and ecological response to global change [J]. New phytologist, 2010, 186(3): 593-608.

[42] ELSER J J, HAMILTON A. Stoichiometry and the new biology: the future is now[J]. PLoS biology, 2007, 5(7): e181.

[43] ELSER J J, STERNER R W, GOROKHOVA E, et al. Biological stoichiometry from genes to ecosystems[J]. Ecology letters, 2000b, 3(6): 540-550.

[44] ELSER J. Biological stoichiometry: a chemical bridge between ecosystem ecology and evolutionary biology[J]. The American naturalist, 2006, 168(S6): S25-S35.

[45] FAROOQ M, HUSSAIN M, WAHID A, et al. Drought stress in plants: an overview [M]//AROCA R. Plant responses to drought stress: from morphological to molecular features. New York: Springer, 2012: 1-33.

[46] FIERER N, JACKSON R B. The diversity and biogeography of soil bacterial communities[J]. Proceedings of the national academy of sciences of the United States of America, 2006, 103(3): 626-631.

[47] FINZI A C, AUSTIN A T, CLELAND E E, et al. Responses and feedbacks of coupled biogeochemical cycles to climate change: examples from terrestrial ecosystems[J]. Frontiers in ecology and the environment, 2011, 9(1): 61-67.

[48] FLEXAS J, BOTA J, GALMÉS J, et al. Keeping a positive carbon balance under adverse conditions: responses of photosynthesis and respiration to water stress [J]. Physiologia Plantarum, 2006, 127(3): 343-352.

[49] FONTAINE S, BAROT S, BARRÉ P, et al. Stability of organic carbon in

deep soil layers controlled by fresh carbon supply[J]. Nature, 2007, 450(7167): 277-280.

[50] GAO S, CAI Z Y, YANG C C, et al. Provenance-specific ecophysiological responses to drought in *Cunninghamia lanceolata*[J]. Journal of plant Ecology, 2021, 14(6): 1060-1072.

[51] GARCÍA-MARCO S, GÓMEZ-REY M X, GONZÁLEZ-PRIETO S J. Availability and uptake of trace elements in a forage rotation under conservation and plough tillage[J]. Soil and tillage research, 2014, 137: 33-42.

[52] GARGALLO-GARRIGA A, SARDANS J, PÉREZ-TRUJILLO M, et al. Warming differentially influences the effects of drought on stoichiometry and metabolomics in shoots and roots[J]. New phytologist, 2015, 207(3): 591-603.

[53] GE X G, WANG C G, WANG L L, et al. Drought changes litter quantity and quality, and soil microbial activities to affect soil nutrients in moso bamboo forest[J]. Science of the total environment, 2022, 838: 156351.

[54] GEEKIYANAGE N, GOODALE U M, CAO K, et al. Plant ecology of tropical and subtropical karst ecosystems[J]. Biotropica, 2019, 51(5): 626-640.

[55] GIARDINA C P, RYAN M G. Evidence that decomposition rates of organic carbon in mineral soil do not vary with temperature[J]. Nature, 2000, 404(6780): 858-861.

[56] GREEN S M, DUNGAIT J A J, TU C L, et al. Soil functions and ecosystem services research in the Chinese karst Critical Zone[J]. Chemical geology, 2019, 527: 119107.

[57] GRIFFIN-NOLAN R J, CARROLL C J W, DENTON E M, et al. Legacy effects of a regional drought on aboveground net primary production in six central US grasslands[J]. Plant ecology, 2018, 219(5): 505-515.

[58] GUAN H L, FAN J W, LU X K. Soil specific enzyme stoichiometry reflects nitrogen limitation of microorganisms under different types of vegetation restoration in the karst areas[J]. Applied soil ecology, 2022, 169: 104253.

[59] GUO Y L, CHEN H Y H, WANG B, et al. Conspecific and heterospecific crowding facilitate tree survival in a tropical karst seasonal rainforest[J]. Forest ecology and management, 2021, 481: 118751.

[60] GUO Y L, WANG B, LI D X, et al. Multivariate relationships between litter productivity and its drivers in a tropical karst seasonal rainforest[J]. Flora, 2020, 273:151728.

[61] GUO Y L, WANG B, MALLIK A U, et al. Topographic species-habitat associations of tree species in a heterogeneous tropical karst seasonal rain forest, China[J]. Journal of plant ecology, 2017, 10(3):450-460.

[62] GUO Z M, ZHANG X Y, GREEN S M, et al. Soil enzyme activity and stoichiometry along a gradient of vegetation restoration at the Karst Critical Zone Observatory in Southwest China[J]. Land degradation & development, 2019, 30(16):1916-1927.

[63] GÜSEWELL S. N:P ratios in terrestrial plants: variation and functional significance[J]. New phytologist, 2004, 164(2):243-266.

[64] HAN W X, FANG J Y, GUO D L, et al. Leaf nitrogen and phosphorus stoichiometry across 753 terrestrial plant species in China[J]. New phytologist, 2005, 168(2):377-385.

[65] HAN W X, FANG J Y, REICH P B, et al. Biogeography and variability of eleven mineral elements in plant leaves across gradients of climate, soil and plant functional type in China[J]. Ecology letters, 2011, 14(8):788-796.

[66] HAO Z C, SINGH V P, XIA Y L. Seasonal drought prediction: advances, challenges, and future prospects[J]. Reviews of geophysics, 2018, 56(1):108-141.

[67] HARTMANN H, ADAMS H D, ANDEREGG W R L, et al. Research frontiers in drought-induced tree mortality: crossing scales and disciplines[J]. New phytologist, 2015, 205(3):965-969.

[68] HE J S, FANG J Y, WANG Z H, et al. Stoichiometry and large-scale patterns of leaf carbon and nitrogen in the grassland biomes of China[J]. Oecologia, 2006, 149(1):115-122.

[69] HE M Z, DIJKSTRA F A. Drought effect on plant nitrogen and phosphorus: a meta-analysis[J]. New phytologist, 2014, 204(4):924-931.

[70] HEDIN L O. Global organization of terrestrial plant-nutrient interactions[J]. Proceedings of the national academy of sciences of the United States of America, 2004, 101(30):10849-10850.

[71] HESSEN D O, ÅGREN G I, ANDERSON T R, et al. Carbon sequestration in ecosystems: the role of stoichiometry[J]. Ecology, 2004, 85(5): 1179-1192.

[72] HU N, LI H, TANG Z, et al. Community size, activity and C:N stoichiometry of soil microorganisms following reforestation in a Karst region[J]. European journal of soil biology, 2016, 73: 77-83.

[73] HU Q J, SHENG M Y, BAI Y X, et al. Response of C, N, and P stoichiometry characteristics of Broussonetia papyrifera to altitude gradients and soil nutrients in the karst rocky ecosystem, SW China[J]. Plant and soil, 2022, 475: 123-136.

[74] HUANG Y D, LI Q. Karst biogeochemistry in China: past, present and future[J]. Environmental Earth sciences, 2019, 78(15): 1-14.

[75] WANG H, LIU Y M, QI Z M, et al. The estimation of soil trace elements distribution and soil-plant-animal continuum in relation to trace elements status of sheep in Huangcheng area of Qilian Mountain grassland, China[J]. Journal of integrative agriculture, 2014, 13(1): 140-147.

[76] HULSHOF C M, MARTÍNEZ-YRÍZAR A, BURQUEZ A, et al. Plant functional trait variation in tropical dry forests: a review and synthesis[M]//SÁNCHEZ-AZOFEIFA A, POWERS J S, FERNANDES G W, et al. Tropical dry forests in the Americas: ecology, conservation, and management. Boca Raton: CRC Press, 2013: 133-144.

[77] IPCC. Climate change 2014: synthesis report[M]. Cambridge: Cambridge University Press, 2014.

[78] ISLES P D F. The misuse of ratios in ecological stoichiometry[J]. Ecology, 2020, 101(11): e03153.

[79] JIANG Z C, LIAN Y Q, QIN X Q. Rocky desertification in Southwest China: impacts, causes, and restoration[J]. Earth-science reviews, 2014, 132: 1-12.

[80] JING X, CHEN X, FANG J Y, et al. Soil microbial carbon and nutrient constraints are driven more by climate and soil physicochemical properties than by nutrient addition in forest ecosystems[J]. Soil biology and biochemistry, 2020, 141: 107657.

[81] JOHNSON M S, LEHMANN J, RIHA S J, et al. CO_2 efflux from Amazonian headwater streams represents a significant fate for deep soil respiration[J]. Geophysi-

cal research letters,2008,35(17):L17401.

[82]KASPARI M, GARCIA M N, HARMS K E, et al. Multiple nutrients limit litterfall and decomposition in a tropical forest[J]. Ecology letters,2008,11(1):35-43.

[83]KERKHOFF A J, FAGAN W F, ELSER J J, et al. Phylogenetic and growth form variation in the scaling of nitrogen and phosphorus in the seed plants[J]. The American naturalist,2006,168(4):E103-E122.

[84]KILLINGBECK K T. Nutrients in senesced leaves: keys to the search for potential resorption and resorption proficiency[J]. Ecology,1996,77(6):1716-1727.

[85]KIM S, LI G L, HAN S H, et al. Microbial biomass and enzymatic responses to temperate oak and larch forest thinning: Influential factors for the site-specific changes[J]. Science of the total environment,2019,651:2068-2079.

[86]KOERSELMAN W, MEULEMAN A F M. The vegetation N:P ratio: a new tool to detect the nature of nutrient limitation[J]. Journal of Applied Ecology,1996,33(6):1441-1450.

[87]LAI J S, ZOU Y, ZHANG J L, et al. Generalizing hierarchical and variation partitioning in multiple regression and canonical analyses using the rdacca. hp R package[J]. Methods in ecology and evolution,2022,13(4):782-788.

[88]LAMBERS H, RAVEN J A, SHAVER G R, et al. Plant nutrient-acquisition strategies change with soil age[J]. Trends in ecology & evolution,2008,23(2):95-103.

[89]LEDGER M E, BROWN L E, EDWARDS F K, et al. Drought alters the structure and functioning of complex food webs[J]. Nature climate change,2013,3(3):223-227.

[90]LEE H, FITZGERALD J, HEWINS D B, et al. Soil moisture and soil-litter mixing effects on surface litter decomposition: a controlled environment assessment[J]. Soil biology and biochemistry,2014,72:123-132.

[91]LEFF J W, JONES S E, PROBER S M, et al. Consistent responses of soil microbial communities to elevated nutrient inputs in grasslands across the globe[J]. Proceedings of the national academy of sciences of the United States of America,

2015,112(35):10967-10972.

[92]LI C Z,ZHAO L H,SUN P S,et al. Deep soil C,N,and P stocks and stoichiometry in response to land use patterns in the Loess Hilly Region of China[J]. PLoS one,2016,11(7):e0159075.

[93]LI H L,CRABBE M J C,XU F L,et al. Seasonal variations in carbon,nitrogen and phosphorus concentrations and C:N:P stoichiometry in the leaves of differently aged Larix principis-rupprechtii Mayr. plantations[J]. Forests, 2017, 8(10):373.

[94]LI H L,CRABBE M J C,CHEN H K. History and trends in ecological stoichiometry research from 1992 to 2019: a scientometric analysis[J]. Sustainability, 2020,12(21):8909.

[95]LI J N,NIU X M,WANG P,et al. Soil degradation regulates the effects of litter decomposition on soil microbial nutrient limitation: Evidence from soil enzymatic activity and stoichiometry[J]. Frontiers in plant science,2023,13:1090954.

[96]LI X F,ZHENG X B,ZHOU Q L,et al. Measurements of fine root decomposition rate: Method matters[J]. Soil biology and biochemistry, 2022, 164(7): 108482.

[97]LI Y,WU J S,LIU S L,et al. Is the C:N:P stoichiometry in soil and soil microbial biomass related to the landscape and land use in southern subtropical China?[J]. Global biogeochemical cycles,2012,26(4):1-14.

[98]LIU J G,GOU X H,WANG F,et al. Seasonal patterns in the leaf C:N:P stoichiometry of four conifers on the Northeastern Tibetan Plateau[J]. Global ecology and conservation,2023,47(12):e02632.

[99]LIU R S,WANG D M. C:N:P stoichiometric characteristics and seasonal dynamics of leaf-root-litter-soil in plantations on the Loess Plateau[J]. Ecological indicators,2021,127:107772.

[100]LIU Y B,XIAO J F,JU W M,et al. Water use efficiency of China's terrestrial ecosystems and responses to drought[J]. Scientific reports, 2015, 5(1): 13799.

[101]LU M Z,LIU K P,ZHANG L J,et al. Stoichiometric variation in soil carbon, nitrogen, and phosphorus following cropland conversion to forest in Southwest

China[J]. Forests,2022,13(8):1155.

[102]MAKITA N, HIRANO Y, MIZOGUCHI T, et al. Very fine roots respond to soil depth: biomass allocation, morphology, and physiology in a broad-leaved temperate forest[J]. Ecological Research,2011,26(1):95-104.

[103]MALIK A A, PUISSANT J, GOODALL T, et al. Soil microbial communities with greater investment in resource acquisition have lower growth yield[J]. Soil biology and biochemistry,2019,132(1):36-39.

[104]MATZEK V, VITOUSEK P M. N:P stoichiometry and protein:RNA ratios in vascular plants: an evaluation of the growth-rate hypothesis[J]. Ecology letters,2009,12(8):765-771.

[105]MCGRODDY M E, DAUFRESNE T, HEDIN L O. Scaling of C:N:P stoichiometry in forests worldwide: Implications of terrestrial redfield-type ratios [J]. Ecology,2004,85(9):2390-2401.

[106]MELILLO J M, ABER J D, MURATORE J F. Nitrogen and lignin control of hardwood leaf litter decomposition dynamics[J]. Ecology,1982,63(3):621-626.

[107]MENG C, TIAN D S, ZENG H, et al. Global meta-analysis on the responses of soil extracellular enzyme activities to warming[J]. Science of the total environment,2020,705:135992.

[108]MEUNIER C L, BOERSMA M, EL-SABAAWI R, et al. From elements to function: toward unifying ecological stoichiometry and trait-based ecology[J]. Frontiers in environmental science,2017,5:18.

[109]MINDEN V, KLEYER M. Internal and external regulation of plant organ stoichiometry[J]. Plant biology,2014,16(5):897-907.

[110]MINICK K J, AGUILOS M, LI X F, et al. Effects of spatial variability and drainage on extracellular enzyme activity in coastal freshwater forested wetlands of Eastern North Carolina, USA[J]. Forests,2022,13(6):861.

[111]MO Q F, ZOU B, LI Y W, et al. Response of plant nutrient stoichiometry to fertilization varied with plant tissues in a tropical forest[J]. Scientific reports,2015,5:14605.

[112]MOOSHAMMER M, HOFHANSL F, FRANK A H, et al. Decoupling of microbial carbon, nitrogen, and phosphorus cycling in response to extreme tempera-

ture events[J]. Science advances,2017,3(5):e1602781.

[113]MOOSHAMMER M,WANEK W,SCHNECKER J,et al. Stoichiometric controls of nitrogen and phosphorus cycling in decomposing beech leaf litter[J]. Ecology,2012,93(4):770-782.

[114]MOOSHAMMER M,WANEK W,ZECHMEISTER-BOLTENSTERN S, et al. Stoichiometric imbalances between terrestrial decomposer communities and their resources: mechanisms and implications of microbial adaptations to their resources[J]. Frontiers in Microbiology,2014,5:22.

[115]Nadelhoffer K J. The potential effects of nitrogen deposition on fine-root production in forest ecosystems[J]. New phytologist,2000,147(1):131-139.

[116]NARDOTO G B,QUESADA C A,PATIÑO S,et al. Basin-wide variations in Amazon forest nitrogen-cycling characteristics as inferred from plant and soil $^{15}N:^{14}N$ measurements[J]. Plant ecology & diversity,2014,7(1-2):173-187.

[117]NIELSEN U N,BALL B A. Impacts of altered precipitation regimes on soil communities and biogeochemistry in arid and semi-arid ecosystems[J]. Global change biology,2015,21(4):1407-1421.

[118]NIKLAS K J,COBB E D. N,P,and C stoichiometry of Eranthis hyemalis (Ranunculaceae) and the allometry of plant growth[J]. American journal of botany, 2005,92(8):1256-1263.

[119]NOTTINGHAM A T,TURNER B L,STOTT A W,et al. Nitrogen and phosphorus constrain labile and stable carbon turnover in lowland tropical forest soils [J]. Soil biology and biochemistry,2015,80:26-33.

[120]O'BRIEN S L,JASTROW J D. Physical and chemical protection in hierarchical soil aggregates regulates soil carbon and nitrogen recovery in restored perennial grasslands[J]. Soil biology and biochemistry,2013,61:1-13.

[121]ORGEAS J,OURCIVAL J M,BONIN G. Seasonal and spatial patterns of foliar nutrients in cork oak (*Quercus suber* L.) growing on siliceous soils in Provence (France)[J]. Plant ecology,2003,164(2):201-211.

[122]PAN F J,ZHANG W,LIU S J,et al. Leaf N:P stoichiometry across plant functional groups in the Karst Region of Southwestern China[J]. Trees, 2015, 29(3):883-892.

[123] PANG D B, WANG G Z, LI G J, et al. Ecological stoichiometric characteristics of two typical plantations in the Karst Ecosystem of Southwestern China[J]. Forests, 2018, 9(2): 56.

[124] PANG Y, TIAN J, ZHAO X, et al. The linkages of plant, litter and soil C: N: P stoichiometry and nutrient stock in different secondary mixed forest types in the Qinling Mountains, China[J]. PeerJ, 2020, 8(4): e9274.

[125] PARRY M A J, ANDRALOJC P J, KHAN S, et al. Rubisco activity: effects of drought stress[J]. Annals of botany, 2002, 89(7): 833-839.

[126] PAUL K I, POLGLASE P J, NYAKUENGAMA J G, et al. Change in soil carbon following afforestation[J]. Forest ecology and management, 2002, 168(1-3): 241-257.

[127] PENG X Q, WANG W. Stoichiometry of soil extracellular enzyme activity along a climatic transect in temperate grasslands of Northern China[J]. Soil biology and biochemistry, 2016, 98: 74-84.

[128] PEÑUELAS J, SARDANS J, RIVAS-UBACH A, et al. The human-induced imbalance between C, N and P in Earth's life system[J]. Global change biology, 2012, 18(1): 3-6.

[129] PERSSON J, FINK P, GOTO A, et al. To be or not to be what you eat: regulation of stoichiometric homeostasis among autotrophs and heterotrophs[J]. Oikos, 2010, 119(5): 741-751.

[130] PETERSON B G, CARL P, BOUDT K, et al. PerformanceAnalytics: econometric tools for performance and risk analysis[CP/OL]. [2023-06-30]. https://cran.r-project.org/package=PerformanceAnalytics.

[131] PINHEIRO J, BATES D, DEBROY S, et al. Fit and compare Gaussian linear and nonlinear mixed-effects models[CP/OL]. [2023-06-30]. https://cran.r-project.org/web/packages/nlme/.

[132] PIOTROWSKA-DŁUGOSZ A, CHARZYŃSKI P. The impact of the soil sealing degree on microbial biomass, enzymatic activity, and physicochemical properties in the Ekranic Technosols of Toruń (Poland)[J]. Journal of soils and sediments, 2015, 15(1): 47-59.

[133] PRIETO I, ALMAGRO M, BASTIDA F, et al. Altered leaf litter quality

exacerbates the negative impact of climate change on decomposition[J]. Journal of ecology,2019,107(5):2364-2382.

[134]QIN J,XI W M,RAHMLOW A,et al. Effects of forest plantation types on leaf traits of *Ulmus pumila* and *Robinia pseudoacacia* on the Loess Plateau, China [J]. Ecological engineering,2016,97:416-425.

[135]RAIESI F,SALEK-GILANI S. The potential activity of soil extracellular enzymes as an indicator for ecological restoration of rangeland soils after agricultural abandonment[J]. Applied soil ecology,2018,126:140-147.

[136]REICH P B,OLEKSYN J. Global patterns of plant leaf N and P in relation to temperature and latitude[J]. Proceedings of the national academy of sciences of the United States of America,2004,101(30):11001-11006.

[137]REICH P B,TJOELKER M G,MACHADO J L,et al. Universal scaling of respiratory metabolism,size and nitrogen in plants[J]. Nature,2006,439:457-461.

[138]REICH P B. Global biogeography of plant chemistry: filling in the blanks [J]. New phytologist,2005,168(2):263-266.

[139]REICH P B. The world-wide 'fast-slow' plant economics spectrum: a traits manifesto[J]. Journal of ecology,2014,102(2):275-301.

[140]REN C J,ZHAO F Z,KANG D,et al. Linkages of C:N:P stoichiometry and bacterial community in soil following afforestation of former farmland[J]. Forest ecology and management,2016,376:59-66.

[141]REN Z,MARTYNIUK N,OLEKSY I A,et al. Ecological stoichiometry of the mountain cryosphere[J]. Frontiers in ecology and evolution,2019,7:360.

[142]ROJAS-JIMÉNEZ K,HOLBROOK N M,GUTIÉRREZ-SOTO M V. Dry-season leaf flushing of *Enterolobium cyclocarpum* (ear-pod tree): above- and belowground phenology and water relations[J]. Tree physiology, 2007, 27(11): 1561-1568.

[143]ROYER D L,MILLER I M,PEPPE D J,et al. Leaf economic traits from fossils support a weedy habit for early angiosperms[J]. American journal of botany, 2010,97(3):438-445.

[144]RUNYAN C W,D'ODORICO P,VANDECAR K L,et al. Positive feedbacks between phosphorus deposition and forest canopy trapping, evidence from

Southern Mexico[J]. Journal of geophysical research:biogeosciences,2013,118(4):1521-1531.

[145]SAIYA-CORK K R,SINSABAUGH R L,ZAK D R. The effects of long term nitrogen deposition on extracellular enzyme activity in an *Acer saccharum* forest soil[J]. Soil biology and biochemistry,2002,34(9):1309-1315.

[146]SANAULLAH M,RUMPEL C,CHARRIER X,et al. How does drought stress influence the decomposition of plant litter with contrasting quality in a grassland ecosystem?[J]. Plant and soil,2012,352(1-2):277-288.

[147]SARAI S S,DE JONG B H J,ESPERANZA H L,et al. Fine root biomass stocks but not the production and turnover rates vary with the age of tropical successional forests in Southern Mexico[J]. Rhizosphere,2022,21(3):100474.

[148]SARDANS J,ALONSO R,CARNICER J,et al. Factors influencing the foliar elemental composition and stoichiometry in forest trees in Spain[J]. Perspectives in plant ecology,evolution and systematics,2016,18:52-69.

[149]SARDANS J,JANSSENS I A,CIAIS P,et al. Recent advances and future research in ecological stoichiometry[J]. Perspectives in plant ecology,evolution and systematics,2021,50:125611.

[150]SARDANS J,PEÑUELAS J,ESTIARTE M. Changes in soil enzymes related to C and N cycle and in soil C and N content under prolonged warming and drought in a Mediterranean shrubland[J]. Applied soil ecology,2008a,39(2):223-235.

[151]SARDANS J,PENUELAS J,OGAYA R. Drought-induced changes in C and N stoichiometry in a *Quercus ilex* Mediterranean forest[J]. Forest science,2008b,54(5):513-522.

[152]SARDANS J,PEÑUELAS J. The role of plants in the effects of global change on nutrient availability and stoichiometry in the plant-soil system[J]. Plant physiology,2012,160(4):1741-1761.

[153]SCHIMEL D S,HOUSE J I,HIBBARD K A,et al. Recent patterns and mechanisms of carbon exchange by terrestrial ecosystems[J]. Nature,2001,414(6860):169-172.

[154]SCHIMEL J P,BENNETT J. Nitrogen mineralization:Challenges of a

changing paradigm[J]. Ecology, 2004, 85(3): 591-602.

[155] SCHREEG L A, SANTIAGO L S, WRIGHT S J, et al. Stem, root, and older leaf N:P ratios are more responsive indicators of soil nutrient availability than new foliage[J]. Ecology, 2014, 95(8): 2062-2068.

[156] SCHRUMPF M, KAISER K, GUGGENBERGER G, et al. Storage and stability of organic carbon in soils as related to depth, occlusion within aggregates, and attachment to minerals[J]. Biogeosciences, 2013, 10(3): 1675-1691.

[157] SCHUSTER M J, KREYLING J, BERWAERS S, et al. Drought inhibits synergistic interactions of native and exotic litter mixtures during decomposition in temperate grasslands[J]. Plant and soil, 2017, 415(1-2): 257-268.

[158] SCHWALM C R, ANDEREGG W R L, MICHALAK A M, et al. Global patterns of drought recovery[J]. Nature, 2017, 548(7666): 202-205.

[159] SHENG M Y, XIONG K N, WANG L J, et al. Response of soil physical and chemical properties to Rocky desertification succession in South China Karst [J]. Carbonates and evaporites, 2018, 33(1): 15-28.

[160] DA SILVA Y J A B, DO NASCIMENTO C W A, DA SILVA Y J A B, et al. Rare earth element concentrations in brazilian benchmark soils [J]. Revista Brasileira de ciência do solo, 2016, 40: e0150413.

[161] SINSABAUGH R L, LAUBER C L, WEINTRAUB M N, et al. Stoichiometry of soil enzyme activity at global scale[J]. Ecology letters, 2008, 11(11): 1252-1264.

[162] SISTLA S A, SCHIMEL J P. Stoichiometric flexibility as a regulator of carbon and nutrient cycling in terrestrial ecosystems under change[J]. New phytologist, 2012, 196(1): 68-78.

[163] SONG M, PENG W X, DU H, et al. Responses of soil and microbial C:N: P stoichiometry to vegetation succession in a Karst Region of Southwest China [J]. Forests, 2019, 10(9): 755.

[164] SPERFELD E, WAGNER N D, HALVORSON H M, et al. Bridging ecological stoichiometry and nutritional geometry with homeostasis concepts and integrative models of organism nutrition[J]. Functional ecology, 2017, 31(2): 286-296.

[165] STERNER R W, ELSER J J. Ecological stoichiometry: the biology of ele-

ments from molecules to the biosphere[M]. Princeton: Princeton University Press, 2002.

[166] STONE M M, DEFOREST J L, PLANTE A F. Changes in extracellular enzyme activity and microbial community structure with soil depth at the Luquillo Critical Zone Observatory[J]. Soil biology and biochemistry, 2014, 75: 237-247.

[167] SU L, DU H, ZENG F P, et al. Soil and fine roots ecological stoichiometry in different vegetation restoration stages in a karst area, Southwest China[J]. Journal of environmental management, 2019, 252: 109694.

[168] SUN X, SHEN Y, SCHUSTER M J, et al. Initial responses of grass litter tissue chemistry and N:P stoichiometry to varied N and P input rates and ratios in Inner Mongolia[J]. Agriculture, ecosystems & environment, 2018, 252: 114-125.

[169] SUN Y, LIAO J H, ZOU X M, et al. Coherent responses of terrestrial C:N stoichiometry to drought across plants, soil, and microorganisms in forests and grasslands[J]. Agricultural and forest meteorology, 2020, 292-293: 108104.

[170] TANG C Q, LI Y H, ZHANG Z Y, et al. Effects of management on vegetation dynamics and associated nutrient cycling in a karst area, Yunnan, SW China[J]. Landscape and ecological engineering, 2015, 11(1): 177-188.

[171] TANG X L, ZHAO X, BAI Y F, et al. Carbon pools in China's terrestrial ecosystems: New estimates based on an intensive field survey[J]. Proceedings of the national academy of sciences of the United States of America, 2018a, 115(16): 4021-4026.

[172] TANG Z Y, XU W T, ZHOU G Y, et al. Patterns of plant carbon, nitrogen, and phosphorus concentration in relation to productivity in China's terrestrial ecosystems[J]. Proceedings of the national academy of sciences of the United States of America, 2018b, 115(16): 4033-4038.

[173] TIAN D, YAN Z B, NIKLAS K J, et al. Global leaf nitrogen and phosphorus stoichiometry and their scaling exponent[J]. National science review, 2018, 5(5): 728-739.

[174] TIAN H Q, CHEN G S, ZHANG C, et al. Pattern and variation of C:N:P ratios in China's soils: a synthesis of observational data[J]. Biogeochemistry, 2010, 98(1-3): 139-151.

[175] TILMAN D. Resource competition and community structure[M]. Princeton: Princeton University Press, 1982.

[176] TIAN L M, ZHAO L, WU X D, et al. Soil moisture and texture primarily control the soil nutrient stoichiometry across the Tibetan Grassland[J]. Science of the total environment, 2018, 622-623: 192-202.

[177] UMAIR M, SUN N X, DU H M, et al. Differential stoichiometric responses of shrubs and grasses to increased precipitation in a degraded karst ecosystem in Southwestern China[J]. Science of the total environment, 2020, 700: 134421.

[178] VERGUTZ L, MANZONI S, PORPORATO A, et al. Global resorption efficiencies and concentrations of carbon and nutrients in leaves of terrestrial plants[J]. Ecological monographs, 2012, 82(2): 205-220.

[179] VITOUSEK P M, HÄTTENSCHWILER S, OLANDER L, et al. Nitrogen and nature[J]. A journal of the human environment, 2002, 31(2): 97-101.

[180] VITOUSEK P M, HOWARTH R W. Nitrogen limitation on land and in the sea: how can it occur?[J]. Biogeochemistry, 1991, 13(2): 87-115.

[181] WANG J N, WANG J Y, WANG L, et al. Does stoichiometric homeostasis differ among tree organs and with tree age?[J]. Forest ecology and management, 2019, 453: 117637.

[182] WANG K L, ZHANG C H, CHEN H S, et al. Karst landscapes of China: patterns, ecosystem processes and services[J]. Landscape ecology, 2019, 34(3): 2743-2763.

[183] WANG L J, WANG P, SHENG M Y, et al. Ecological stoichiometry and environmental influencing factors of soil nutrients in the karst rocky desertification ecosystem, Southwest China[J]. Global ecology and conservation, 2018a, 16: e00449.

[184] WANG M M, CHEN H S, ZHANG W, et al. Soil nutrients and stoichiometric ratios as affected by land use and lithology at county scale in a karst area, Southwest China[J]. Science of the total environment, 2018b, 619-620: 1299-1307.

[185] WANG S Y, HIPPS L, GILLIES R R, et al. Probable causes of the abnormal ridge accompanying the 2013-2014 California drought: ENSO precursor and anthropogenic warming footprint[J]. Geophysical research letters, 2014, 41(9): 3220-3226.

[186]WANG Z F,ZHENG F L. Impact of vegetation succession on leaf-litter-soil C∶N∶P stoichiometry and their intrinsic relationship in the Ziwuling Area of China's Loess Plateau[J]. Journal of forestry research,2021,32(1):697-711.

[187]WARDLE D A,WALKER L R,BARDGETT R D. Ecosystem properties and forest decline in contrasting long-term chronosequences[J]. Science,2004,305(5683):509-513.

[188]WARING B G,WEINTRAUB S R,SINSABAUGH R L. Ecoenzymatic stoichiometry of microbial nutrient acquisition in tropical soils[J]. Biogeochemistry,2014,117:101-113.

[189]WEI X C,DENG X W,XIANG W H,et al. Calcium content and high calcium adaptation of plants in karst areas of southwestern Hunan,China[J]. Biogeosciences,2018,15(9):2991-3002.

[190]WRIGHT I J,REICH P B,WESTOBY M,et al. The worldwide leaf economics spectrum[J]. Nature,2004,428(6985):821-827.

[191]WU P,ZHOU H,CUI Y C,et al. Stoichiometric characteristics of leaf,litter and soil during vegetation succession in Maolan national nature reserve,Guizhou,China[J]. Sustainability,2022,14(24):16517.

[192]WU X C,LIU H Y,LI X Y,et al. Differentiating drought legacy effects on vegetation growth over the Temperate Northern Hemisphere[J]. Global change biology,2018,24(1):504-516.

[193]XIANG Y,CHENG M,AN S S,et al. Soil-plant-litter stoichiometry under different site conditions in Yanhe Catchment,China[J]. Journal of natural resources,2015,30(10):1642-1652.

[194]XIAO H B,LI Z W,DONG Y T,et al. Changes in microbial communities and respiration following the revegetation of eroded soil[J]. Agriculture,ecosystems & environment,2017,246:30-37.

[195]XING S P,CHENG X Q,KANG F F,et al. The patterns of N/P/K stoichiometry in the *Quercus wutaishanica* community among different life forms and organs and their responses to environmental factors in northern China[J]. Ecological indicators,2022,137:108783.

[196]XU C H,XIANG W H,GOU M M,et al. Effects of forest restoration on

soil carbon, nitrogen, phosphorus, and their stoichiometry in Hunan, Southern China [J]. Sustainability, 2018 10(6): 1874.

[197] XU H W, QU Q, LI P, et al. Stocks and stoichiometry of soil organic carbon, total nitrogen, and total phosphorus after vegetation restoration in the Loess Hilly Region, China[J]. Forests, 2019, 10(1): 27-32.

[198] XU X F, THORNTON P E, POST W M. A global analysis of soil microbial biomass carbon, nitrogen and phosphorus in terrestrial ecosystems[J]. Global ecology and biogeography, 2013, 22(6): 737-749.

[199] XU Z W, YU G R, ZHANG X Y, et al. Soil enzyme activity and stoichiometry in forest ecosystems along the North-South Transect in Eastern China (NSTEC) [J]. Soil biology and biochemistry, 2017, 104: 152-163.

[200] YAN Z B, GUAN H Y, HAN W X, et al. Reproductive organ and young tissues show constrained elemental composition in *Arabidopsis thaliana*[J]. Annals of botany, 2016, 117(3): 431-439.

[201] YANG B, WEN X F, SUN X M. Seasonal variations in depth of water uptake for a subtropical coniferous plantation subjected to drought in an East Asian monsoon region[J]. Agricultural and forest meteorology, 2015, 201: 218-228.

[202] YANG H, ZHANG P, ZHU T B, et al. The characteristics of soil C, N, and P stoichiometric ratios as affected by geological background in a karst graben area, Southwest China[J]. Forests, 2019, 10(7): 601.

[203] YANG Y, LIANG C, WANG Y Q, et al. Soil extracellular enzyme stoichiometry reflects the shift from P- to N-limitation of microorganisms with grassland restoration[J]. Soil biology and biochemistry, 2020, 149: 107928.

[204] YANG Y, LIU B R, AN S S. Ecological stoichiometry in leaves, roots, litters and soil among different plant communities in a desertified region of Northern China[J]. Catena, 2018, 166: 328-338.

[205] YANG Y H, LUO Y Q. Carbon: nitrogen stoichiometry in forest ecosystems during stand development[J]. Global ecology and biogeography, 2011, 20(2): 354-361.

[206] YU Q, CHEN Q S, ELSER J J, et al. Linking stoichiometric homoeostasis with ecosystem structure, functioning and stability[J]. Ecology letters, 2010, 13

(11):1390-1399.

[207] YU Y H, CHI Y K. Ecological stoichiometric characteristics of soil at different depths in a karst plateau mountain area of China[J]. Polish journal of environmental studies, 2020, 29(1):969-978.

[208] YUAN Z Y, CHEN H Y H, REICH P B. Global-scale latitudinal patterns of plant fine-root nitrogen and phosphorus[J]. Nature communications, 2011, 2:344.

[209] YUE K, FORNARA D A, YANG W Q, et al. Effects of three global change drivers on terrestrial C:N:P stoichiometry: a global synthesis[J]. Global change biology, 2017, 23(6):2450-2463.

[210] ZECHMEISTER-BOLTENSTERN S, KEIBLINGER K M, MOOSHAMMER M, et al. The application of ecological stoichiometry to plant-microbial-soil organic matter transformations[J]. Ecological monographs, 2015, 85(2):133-155.

[211] ZENG Q C, LI X, DONG Y H, et al. Soil and plant components ecological stoichiometry in four steppe communities in the Loess Plateau of China[J]. Catena, 2016, 147:481-488.

[212] ZENG Q C, LIU Y, FANG Y, et al. Impact of vegetation restoration on plants and soil C:N:P stoichiometry on the Yunwu Mountain Reserve of China[J]. Ecological engineering, 2017, 109:92-100.

[213] ZHANG D J, ZHANG J, YANG W Q, et al. Plant and soil seed bank diversity across a range of ages of *Eucalyptus grandis* plantations afforested on arable lands[J]. Plant and soil, 2014, 376(1-2):307-325.

[214] ZHANG J, ZHAO N, LIU C, et al. C:N:P stoichiometry in China's forests: from organs to ecosystems[J]. Functional ecology, 2018a, 32(1):50-60.

[215] ZHANG J H, HE N P, LIU C C, et al. Allocation strategies for nitrogen and phosphorus in forest plants[J]. Oikos, 2018b, 127(10):1506-1514.

[216] ZHANG W, LIU W C, XU M P, et al. Response of forest growth to C:N:P stoichiometry in plants and soils during *Robinia pseudoacacia* afforestation on the Loess Plateau, China[J]. Geoderma, 2019a, 337:280-289.

[217] ZHANG W, REN C J, DENG J, et al. Plant functional composition and species diversity affect soil C, N, and P during secondary succession of abandoned

farmland on the Loess Plateau[J]. Ecological engineering, 2018c, 122:91-99.

[218]ZHANG W, ZHAO J, PAN F J, et al. Changes in nitrogen and phosphorus limitation during secondary succession in a karst region in southwest China[J]. Plant and soil, 2015, 391(2):77-91.

[219]ZHANG X P, GAO G B, WU Z Z, et al. Agroforestry alters the rhizosphere soil bacterial and fungal communities of moso bamboo plantations in subtropical China[J]. Applied soil ecology, 2019b, 143:192-200.

[220]ZHANG X X, WANG L J, ZHOU W X, et al. Changes in litter traits induced by vegetation restoration accelerate litter decomposition in *Robinia pseudoacacia* plantations[J]. Land degradation & development, 2022, 33(1):179-192.

[221]ZHANG Y, XIONG K N, YU Y H, et al. Stoichiometric characteristics and driving mechanisms of plants in karst areas of rocky desertification of southern China[J]. Applied ecology and environmental research, 2020, 18(1):1961-1979.

[222]ZHANG Z S, SONG X L, LU X G, et al. Ecological stoichiometry of carbon, nitrogen, and phosphorus in estuarine wetland soils: influences of vegetation coverage, plant communities, geomorphology, and seawalls[J]. Journal of soils and sediments, 2013, 13(6):1043-1051.

[223]ZHAO F Z, KANG D, HAN X H, et al. Soil stoichiometry and carbon storage in long-term afforestation soil affected by understory vegetation diversity [J]. Ecological engineering, 2015, 74:415-422.

[224]ZHAO N, YU G R, HE N P, et al. Invariant allometric scaling of nitrogen and phosphorus in leaves, stems, and fine roots of woody plants along an altitudinal gradient[J]. Journal of plant research, 2016, 129(4):647-657.

[225]ZHOU G Y, ZHOU X H, NIE Y Y, et al. Drought-induced changes in root biomass largely result from altered root morphological traits: Evidence from a synthesis of global field trials[J]. Plant, cell & environment, 2018a, 41(11):2589-2599.

[226]ZHOU S Y D, LIE Z Y, LIU X J, et al. Distinct patterns of soil bacterial and fungal community assemblages in subtropical forest ecosystems under warming [J]. Global change biology, 2023, 29(6):1501-1513.

[227]ZHOU Y, BOUTTON T W, WU X B. Soil C:N:P stoichiometry responds

to vegetation change from grassland to woodland[J]. Biogeochemistry, 2018b, 140(52):341-357.

[228] ZHOU Z H, WANG C K. Reviews and syntheses: soil resources and climate jointly drive variations in microbial biomass carbon and nitrogen in China's forest ecosystems[J]. Biogeosciences, 2015, 12(22):6751-6760.

[229] ZOU Z G, ZENG F P, ZENG Z X, et al. The variation in the stoichiometric characteristics of the leaves and roots of karst shrubs[J]. Forests, 2021, 12(7):852.

中文文献

[1]蔡国俊,锁盆春,张丽敏,等.黔南喀斯特峰丛洼地3种建群树种不同器官C、N、P化学计量特征[J].贵州师范大学学报(自然科学版),2021,39(5):36-44.

[2]曹娟,闫文德,项文化,等.湖南会同3个林龄杉木人工林土壤碳、氮、磷化学计量特征[J].林业科学,2015,51(7):1-8.

[3]曹祥会,龙怀玉,周脚根,等.中温-暖温带表土碳氮磷生态化学计量特征的空间变异性——以河北省为例[J].生态学报,2017,37(18):6053-6063.

[4]曾德慧,陈广生.生态化学计量学:复杂生命系统奥秘的探索[J].植物生态学报,2005(6):141-153.

[5]曾馥平,彭晚霞,宋同清,等.桂西北喀斯特人为干扰区植被自然恢复22年后群落特征[J].生态学报,2007(12):5110-5119.

[6]曾昭霞,王克林,刘孝利,等.桂西北喀斯特森林植物-凋落物-土壤生态化学计量特征[J].植物生态学报,2015,39(7):682-693.

[7]陈婵,张仕吉,李雷达,等.中亚热带植被恢复阶段植物叶片、凋落物、土壤碳氮磷化学计量特征[J].植物生态学报,2019,43(8):658-671.

[8]陈燕丽,蒙良莉,黄肖寒,等.基于SPEI的广西喀斯特地区1971—2017年干旱时空演变[J].干旱气象,2019,37(3):353-362.

[9]程滨,赵永军,张文广,等.生态化学计量学研究进展[J].生态学报,2010,30(6):1628-1637.

[10] 从怀军,成毅,安韶山,等.黄土丘陵区不同植被恢复措施对土壤养分和微生物量C、N、P的影响[J].水土保持学报,2010,24(4):217-221.

[11] 邓艳,蒋忠诚,李先琨,等.广西弄岗不同演替阶段植被群落的小气候特征[J].热带地理,2004(4):316-320.

[12] 董茜,王根柱,庞丹波,等.喀斯特区不同植被恢复措施土壤质量评价[J].林业科学研究,2022,35(3):169-178.

[13] 高三平,李俊祥,徐明策,等.天童常绿阔叶林不同演替阶段常见种叶片N、P化学计量学特征[J].生态学报,2007,27(3):947-952

[14] 高雨秋,戴晓琴,王建雷,等.亚热带人工林下植被根际土壤酶化学计量特征[J].植物生态学报,2019,43(3):258-272.

[15] 辜翔,张仕吉,刘兆丹,等.中亚热带植被恢复对土壤有机碳含量、碳密度的影响[J].植物生态学报,2018,42(5):595-608.

[16] 郭柯,刘长成,董鸣.我国西南喀斯特植物生态适应性与石漠化治理[J].植物生态学报,2011,35(10):991-999.

[17] 郭屹立,李冬兴,王斌,等.北热带喀斯特季节性雨林土壤和6个常见树种凋落物的C、N、P化学计量学特征[J].生物多样性,2017,25(10):1085-1094.

[18] 郭屹立,王斌,向悟生,等.桂西南喀斯特季节性雨林枯立木的空间格局及生境关联性分析[J].广西植物,2016,36(2):154-161.

[19] 韩文轩,吴漪,汤璐瑛,等.北京及周边地区植物叶的碳氮磷元素计量特征[J].北京大学学报(自然科学版),2009,45(5):855-860.

[20] 何斌,李青,冯图,等.黔西北不同林龄马尾松人工林针叶-凋落物-土壤C、N、P化学计量特征[J].生态环境学报,2019,28(11):2149-2157.

[21] 何念鹏,张佳慧,刘聪聪,等.森林生态系统性状的空间格局与影响因素研究进展——基于中国东部样带的整合分析[J].生态学报,2018,38(18):6359-6382.

[22] 贺金生,韩兴国.生态化学计量学:探索从个体到生态系统的统一化理论[J].植物生态学报,2010,34(1):2-6.

[23] 黄娟,邓羽松,韦慧,等.喀斯特峰丛洼地不同植被类型土壤微生物量碳氮磷和养分特征[J].土壤通报,2022,53(3):605-612.

[24]黄晚华,隋月,杨晓光,等.气候变化背景下中国南方地区季节性干旱特征与适应.Ⅲ.基于降水量距平百分率的南方地区季节性干旱时空特征[J].应用生态学报,2013,24(2):397-406.

[25]黄俞淞.弄岗自然保护区重要森林物种资源监测样地植物物种多样性研究[D].桂林:广西师范大学,2010.

[26]贾丙瑞.凋落物分解及其影响机制[J].植物生态学报,2019,43(8):648-657.

[27]姜沛沛,曹扬,陈云明,等.不同林龄油松(*Pinus tabulaeformis*)人工林植物、凋落物与土壤C、N、P化学计量特征[J].生态学报,2016,36(19):6188-6197

[28]蒋利玲,曾从盛,邵钧炯,等.闽江河口入侵种互花米草和本地种短叶茳芏的养分动态及植物化学计量内稳性特征[J].植物生态学报,2017,41(4):450-460.

[29]孔德莉,张海涛,何迅,等.基于PLSPM模型的鄂西南部分区域耕地土壤pH影响因素研究[J].土壤,2021,53(4):809-816.

[30]李海亮.秦岭北麓华北落叶松人工林生态系统生态化学计量学研究[D].咸阳:西北农林科技大学,2018.

[31]李杰,王亚军,邱阳,等.兰州百合(*Lilium davidii* var. *unicolor*)凋落物分解特性[J].中国沙漠,2022,42(3):205-212.

[32]李灵,张玉,王利宝,等.不同林地土壤微生物生物量垂直分布及相关性分析[J].中南林业科技大学学报,2007(2):52-56.

[33]李明军,喻理飞,杜明凤,等.不同林龄杉木人工林植物-凋落叶-土壤C、N、P化学计量特征及互作关系[J].生态学报,2018,38(21):7772-7781.

[34]李瑞,胡朝臣,许士麒,等.大兴安岭泥炭地植物叶片碳氮磷含量及其化学计量学特征[J].植物生态学报,2018,42(12):1154-1167.

[35]李胜平,王克林.人为干扰对桂西北喀斯特山地植被多样性及土壤养分分布的影响[J].水土保持研究,2016,23(5):20-27.

[36]李先琨,苏宗明,吕仕洪,等.广西岩溶植被自然分布规律及对岩溶生态恢复重建的意义[J].山地学报,2003(2):129-139.

[37]李相楹,张维勇,刘峰,等.不同海拔高度下梵净山土壤碳、氮、磷分布特征[J].水土保持研究,2016,23(3):19-24.

[38]李雨菲,李先琨,郭屹立,等.弄岗北热带喀斯特季节性雨林15hm²动态监测样地树木死亡特征分析[J].植物科学学报,2022,40(2):177-186.

[39]李玉霖,毛伟,赵学勇,等.北方典型荒漠及荒漠化地区植物叶片氮磷化学计量特征研究[J].环境科学,2010,31(8):1716-1725.

[40]李兆光,杨文高,和桂青,等.滇西北藜麦氮磷钾生态化学计量特征的物候期动态[J].植物生态学报,2023,47(5):724-732.

[41]梁月明,何寻阳,苏以荣,等.喀斯特峰丛洼地植被恢复过程中土壤微生物特性[J].生态学杂志,2010,29(5):917-922.

[42]刘超,王洋,王楠,等.陆地生态系统植被氮磷化学计量研究进展[J].植物生态学报,2012,36(11):1205-1216.

[43]刘方,刘元生,卜通达,等.贵州喀斯特山区植被演替对土壤有效性氮磷含量及酶活性的影响[J].中国岩溶,2012,31(1):31-35.

[44]刘立斌,钟巧连,倪健.贵州高原型喀斯特次生林C、N、P生态化学计量特征与储量[J].生态学报,2019,39(22):8606-8614.

[45]刘璐,葛结林,舒化伟,等.神农架常绿落叶阔叶混交林碳氮磷化学计量比[J].植物生态学报,2019,43(6):482-489.

[46]刘万德,苏建荣,李帅锋,等.云南普洱季风常绿阔叶林演替系列植物和土壤C、N、P化学计量特征[J].生态学报,2010,30(23):6581-6590.

[47]刘文亭,卫智军,吕世杰,等.中国草原生态化学计量学研究进展[J].草地学报,2015,23(5):914-926.

[48]卢同平,史正涛,牛洁,等.我国陆生生态化学计量学应用研究进展与展望[J].土壤,2016,48(1):29-35.

[49]鲁如坤.土壤农业化学分析方法[M].北京:中国农业科技出版社,2000.

[50]倪隆康,顾大形,何文,等.岩溶区植物生态适应性研究进展[J].生态学杂志,2019,38(7):2210-2217.

[51]宁秋蕊,李守中,姜良超,等.亚热带红壤侵蚀区马尾松针叶养分含量及再吸收特征[J].生态学报,2016,36(12):3510-3517.

[52]皮发剑,舒利贤,喻理飞,等.黔中喀斯特10种优势树种根茎叶化学计量特征及其关联性[J].生态环境学报,2017,26(4):628-634.

[53]秦海,李俊祥,高三平,等.中国660种陆生植物叶片8种元素含量特征[J].生态学报,2010,30(5):1247-1257.

[54]秦娟,孔海燕,刘华.马尾松不同林型土壤C、N、P、K的化学计量特征[J].西北农林科技大学学报(自然科学版),2016,44(2):68-76.

[55]盛茂银,熊康宁,崔高仰,等.贵州喀斯特石漠化地区植物多样性与土壤理化性质[J].生态学报,2015,35(2):434-448.

[56]淑敏,王东丽,王凯,等.不同林龄樟子松人工林针叶-凋落叶-土壤生态化学计量特征[J].水土保持学报,2018,32(3):174-179.

[57]宋同清,彭晚霞,杜虎,等.中国西南喀斯特石漠化时空演变特征、发生机制与调控对策[J].生态学报,2014,34(18):5328-5341.

[58]宋同清,王克林,曾馥平,等.西南喀斯特植物与环境[M].北京:科学出版社,2015.

[59]孙彩丽,王艺伟,王从军,等.喀斯特山区土地利用方式转变对土壤酶活性及其化学计量特征的影响[J].生态学报,2021,41(10):4140-4149.

[60]谭一波,申文辉,付孜,等.环境因子对桂西南蚬木林下植被物种多样性变异的解释[J].生物多样性,2019,27(9):970-983.

[61]田地,严正兵,方精云.植物化学计量学:一个方兴未艾的生态学研究方向[J].自然杂志,2018,40(4):235-241.

[62]田地,严正兵,方精云.植物生态化学计量特征及其主要假说[J].植物生态学报,2021,45(7):682-713.

[63]王斌,黄俞淞,李先琨,等.弄岗北热带喀斯特季节性雨林15ha监测样地的树种组成与空间分布[J].生物多样性,2014,22(2):141-156.

[64]王传杰,王齐齐,徐虎,等.长期施肥下农田土壤-有机质-微生物的碳氮磷化学计量学特征[J].生态学报,2018,38(11):3848-3858.

[65]王俊丽,张忠华,胡刚,等.基于文献计量分析的喀斯特植被生态学研究态势[J].生态学报,2020,40(3):1113-1124.

[66]王霖娇,汪攀,盛茂银.西南喀斯特典型石漠化生态系统土壤养分生态化学计量特征及其影响因素[J].生态学报,2018,38(18):6580-6593.

[67]王绍强,于贵瑞.生态系统碳氮磷元素的生态化学计量学特征[J].生态学报,2008(8):3937-3947.

[68]王世杰,彭韬,刘再华,等.加强喀斯特关键带长期观测研究,支撑西南石漠化区生态恢复与民生改善[J].中国科学院院刊,2020,35(7):925-933.

[69]王维奇,徐玲琳,曾从盛,等.河口湿地植物活体-枯落物-土壤的碳氮磷生态化学计量特征[J].生态学报,2011,31(23):134-139.

[70]王亚娟,陈云明,孙亚荣,等.黄土丘陵区油松人工林植物器官-凋落物-土壤化学计量特征的季节变化[J].水土保持学报,2022,36(4):350-356.

[71]魏媛,喻理飞,张金池.退化喀斯特植被恢复过程中土壤微生物学特性[J].林业科学,2008(7):6-10.

[72]文丽,宋同清,杜虎,等.中国西南喀斯特植物群落演替特征及驱动机制[J].生态学报,2015,35(17):5822-5833.

[73]我国岩溶地区石漠化状况公报[N].中国自然资源报,2019-01-09(5).

[74]吴鹏,崔迎春,赵文君,等.喀斯特森林植被自然恢复过程中土壤化学计量特征[J].北京林业大学学报,2019,41(3):80-92.

[75]吴鹏,崔迎春,赵文君,等.茂兰喀斯特区68种典型植物叶片化学计量特征[J].生态学报,2020,40(14):5063-5080.

[76]吴统贵,吴明,刘丽,等.杭州湾滨海湿地3种草本植物叶片N、P化学计量学的季节变化[J].植物生态学报,2010,34(1):23-28.

[77]吴秀芝,阎欣,王波,等.荒漠草地沙漠化对土壤-微生物-胞外酶化学计量特征的影响[J].植物生态学报,2018,42(10):1022-1032.

[78]吴月茹,王维真,王海兵,等.采用新电导率指标分析土壤盐分变化规律[J].土壤学报,2011,48(4):869-873.

[79]向悟生,李先琨,吕仕洪,等.广西岩溶植被演替过程中主要小气候因子日变化特征[J].生态科学,2004(1):25-31.

[80]闫丽娟,王海燕,李广,等.黄土丘陵区4种典型植被对土壤养分及酶活性的影响[J].水土保持学报,2019,33(5):190-196.

[81]阎恩荣,王希华,周武.天童常绿阔叶林演替系列植物群落的N:P化学计量特征[J].植物生态学报,2008(1):13-22.

[82]杨梅,王昌全,袁大刚,等.不同生长期烤烟各器官C、N、P生态化学计量学特征[J].中国生态农业学报,2015,23(6):686-693.

[83]杨文高,字洪标,陈科宇,等.青海森林生态系统中灌木层和土壤生态

化学计量特征[J].植物生态学报,2019,43(4):352-364.

[84]杨勇,许鑫,徐玥,等.黔北优势植物对槽谷型喀斯特生境的适应策略:基于功能性状与生态化学计量相关联的证据[J].地球与环境,2020,48(4):413-423.

[85]杨玉盛,郭剑芬,林鹏,等.格氏栲天然林与人工林枯枝落叶层碳库及养分库[J].生态学报,2004(2):359-367.

[86]殷爽,王传宽,金鹰,等.东北地区大秃顶子山土壤-微生物-胞外酶C:N:P化学计量特征沿海拔梯度的变化[J].植物生态学报,2019,43(11):999-1009.

[87]于贵瑞,李轩然,赵宁,等.生态化学计量学在陆地生态系统碳-氮-水耦合循环理论体系中作用初探[J].第四纪研究,2014,34(4):881-890.

[88]俞月凤,何铁光,曾成城,等.喀斯特区不同退化程度植被群落植物-凋落物-土壤-微生物生态化学计量特征[J].生态学报,2022,42(3):935-946.

[89]俞月凤,彭晚霞,宋同清,等.喀斯特峰丛洼地不同森林类型植物和土壤C、N、P化学计量特征[J].应用生态学报,2014,25(4):947-954.

[90]郁国梁,王军强,马紫荆,等.博斯腾湖湖滨湿地优势植物叶片碳、氮、磷化学计量特征的季节动态及其影响因子[J].植物资源与环境学报,2022,31(5):9-18.

[91]袁道先.现代岩溶学和全球变化研究[J].地学前缘,1997(Z1):21-29.

[92]原雅楠,李正才,王斌,等.不同林龄榉树根、枝、叶的C、N、P化学计量及内稳性特征[J].南京林业大学学报(自然科学版),2021,45(6):135-142.

[93]张珂,陈永乐,高艳红,等.阿拉善荒漠典型植物功能群氮、磷化学计量特征[J].中国沙漠,2014,34(5):1261-1267.

[94]张萍,章广琦,赵一娉,等.黄土丘陵区不同森林类型叶片-凋落物-土壤生态化学计量特征[J].生态学报,2018,38(14):5087-5098.

[95]张婷婷,刘文耀,胡涛.哀牢山常绿阔叶林常见兼性附生植物的化学计量特征[J].生态学报,2022,42(15):6265-6273.

[96]张婷婷,刘文耀,黄俊彪,等.植物生态化学计量内稳性特征[J].广西植物,2019,39(5):701-712.

[97]张伟,王克林,刘淑娟,等.喀斯特峰丛洼地植被演替过程中土壤养分

的积累及影响因素[J].应用生态学报,2013,24(7):1801-1808.

[98]张向茹,马露莎,陈亚南,等.黄土高原不同纬度下刺槐林土壤生态化学计量学特征研究[J].土壤学报,2013,50(4):818-825.

[99]郑华,欧阳志云,王效科,等.不同森林恢复类型对土壤微生物群落的影响[J].应用生态学报,2004(11):2019-2024.

[100]周正虎,王传宽.生态系统演替过程中土壤与微生物碳氮磷化学计量关系的变化[J].植物生态学报,2016,40(12):1257-1266.

[101]朱华.中国南部热带植物区系[J].生物多样性,2017,25(2):204-217.

[102]朱秋莲,邢肖毅,张宏,等.黄土丘陵沟壑区不同植被区土壤生态化学计量特征[J].生态学报,2013,33(15):4674-4682.

附录：彩图部分

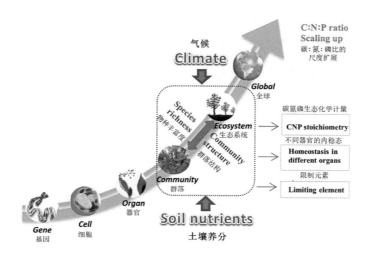

图 1-1　生态化学计量学的理论框架和关键科学问题（图片引自 Zhang et al. 2018a）

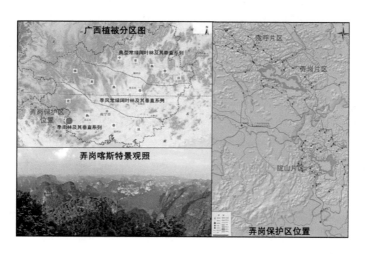

图 2-1　广西弄岗国家级自然保护区位置和喀斯特景观

图 2-2　喀斯特峰丛洼地地貌

图 2-3　北热带喀斯特地区处于 4 种恢复阶段的植被

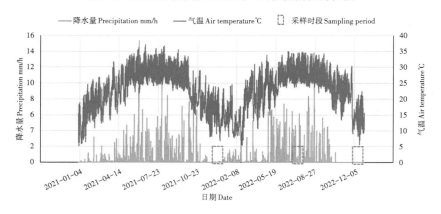

图 2-4　2021—2022 年间广西龙州县降水量与气温变化以及采样时间段

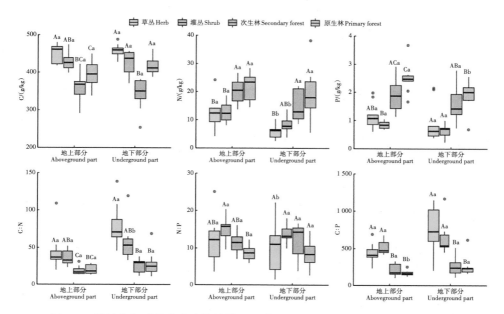

图 3-1 植被恢复过程中草本植物地上和地下部分 C、N、P 含量及其化学计量比

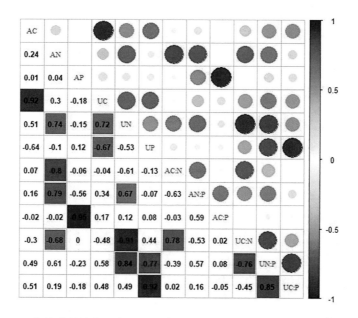

图 3-2 草丛阶段植物器官 C、N、P 含量及其化学计量比之间的相关性分析

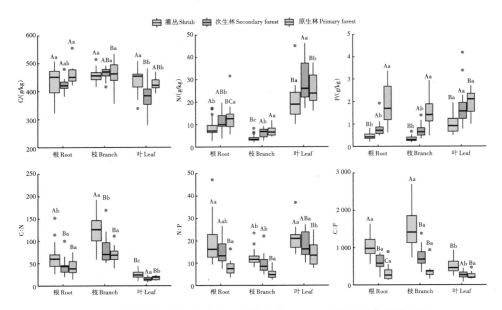

图3-3 植被恢复过程中灌木不同器官的C、N、P含量及其化学计量比

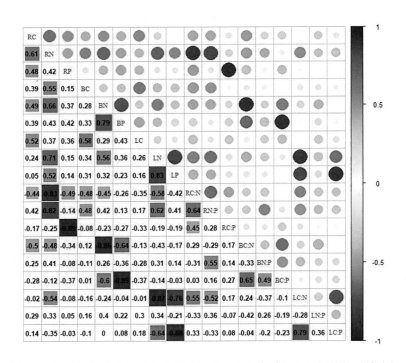

图3-4 灌丛阶段灌木器官的C、N、P含量及其化学计量比之间的相关性分析

▶ 附录：彩图部分

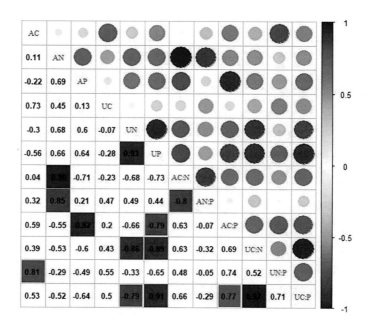

图3-5 灌丛阶段草本植物器官的C、N、P含量及其化学计量比之间的相关性分析

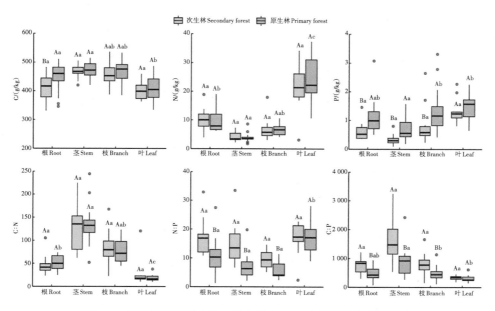

图3-6 植被恢复过程中乔木器官的C、N、P含量及其化学计量比

155

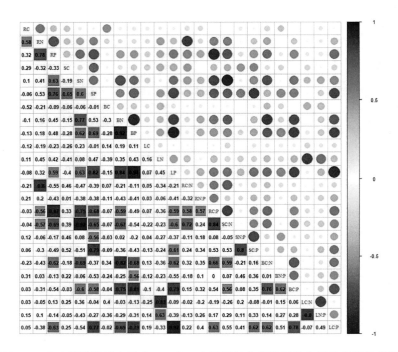

图 3-7　次生林阶段乔木器官 C、N 和 P 含量及其化学计量比之间的相关性分析

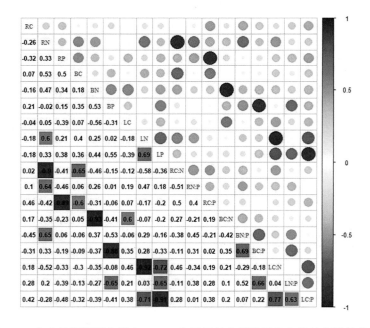

图 3-8　次生林阶段灌木器官 C、N、P 含量及其化学计量比之间的相关性分析

▶附录：彩图部分

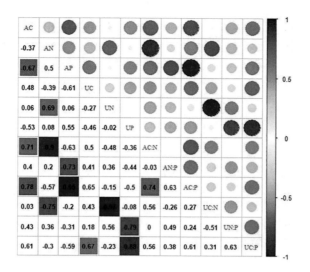

图3-9 次生林阶段草本植物器官C、N、P含量及其化学计量比之间的相关性分析

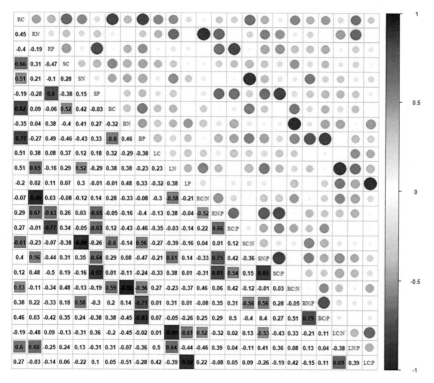

图3-10 原生林阶段乔木器官的C、N、P含量及其化学计量比之间的相关性分析

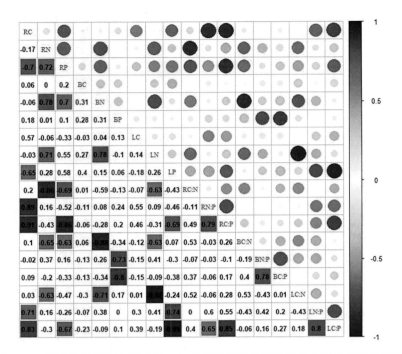

图3-11 原生林阶段灌木器官的C、N、P含量及其化学计量比之间的相关性分析

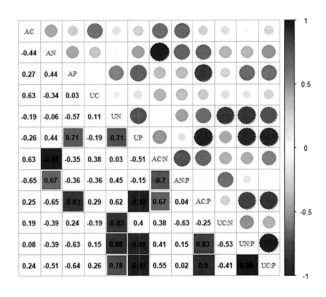

图3-12 原生林阶段草本植物器官的C、N、P含量及其化学计量比之间的相关性分析

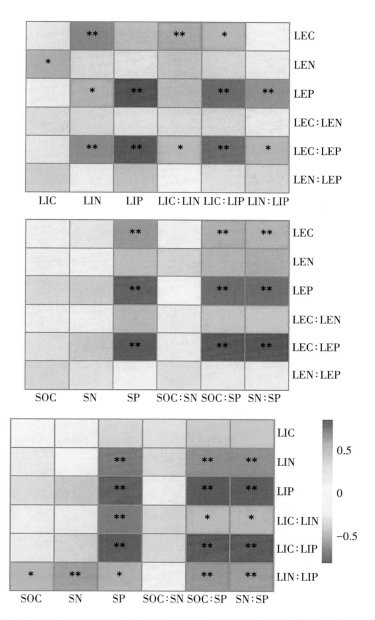

图4-4 植被恢复过程中叶片、凋落物、土壤的C、N、P含量及其化学计量比之间的相关性分析

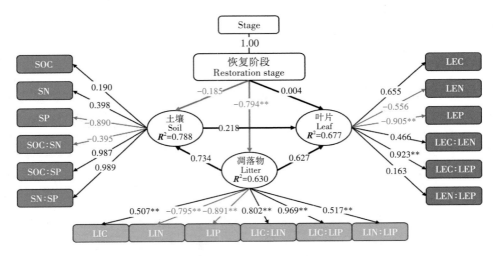

图4-9 植被恢复对叶片、凋落物和土壤C、N、P含量及其化学计量比影响的结构方程模型分析

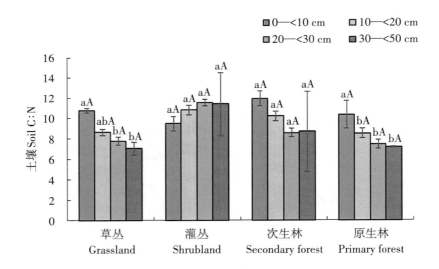

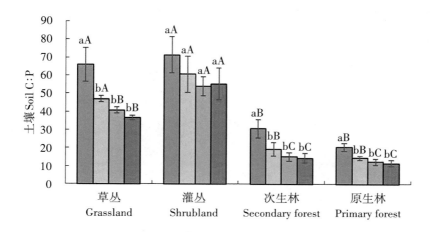

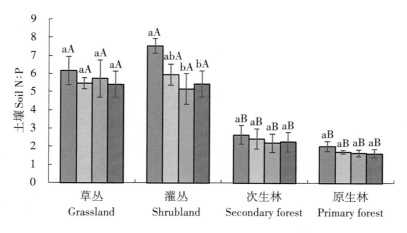

图 5-1 植被恢复过程中土壤 C、N 和 P 的化学计量特征

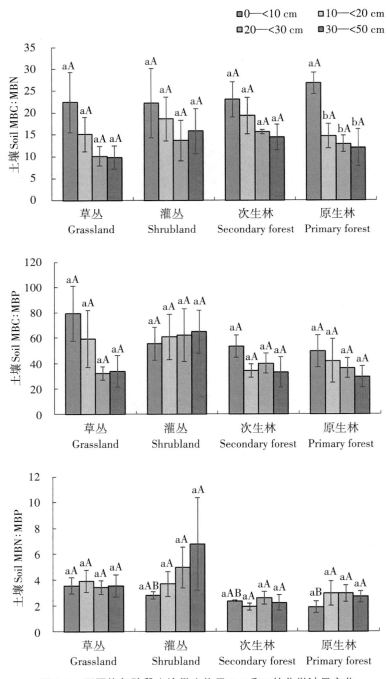

图5-2 不同恢复阶段土壤微生物量C、N和P的化学计量变化

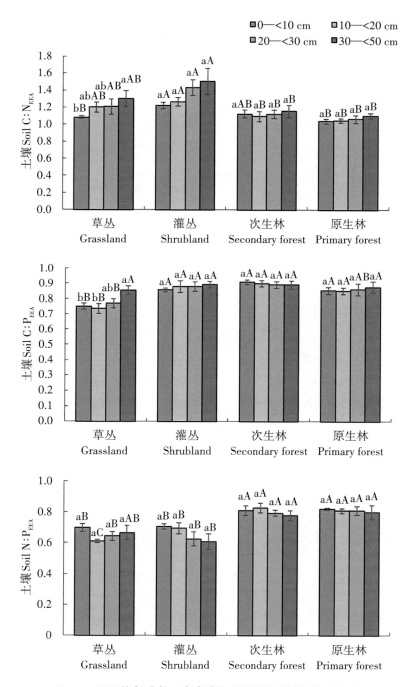

图5-3 不同恢复阶段土壤胞外酶活性的化学计量变化特征

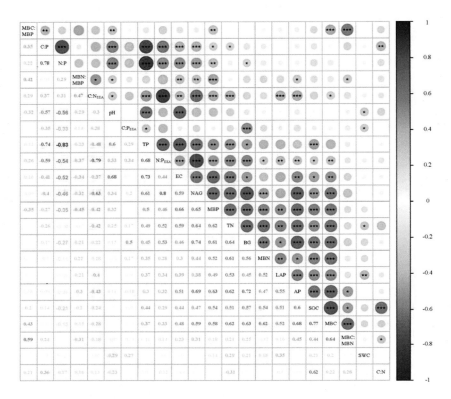

图 5-4 土壤微生物量和土壤胞外酶活性及其化学计量与土壤理化性质的相关性分析

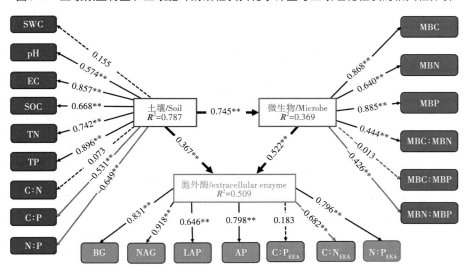

图 5-6 结构方程模型分析

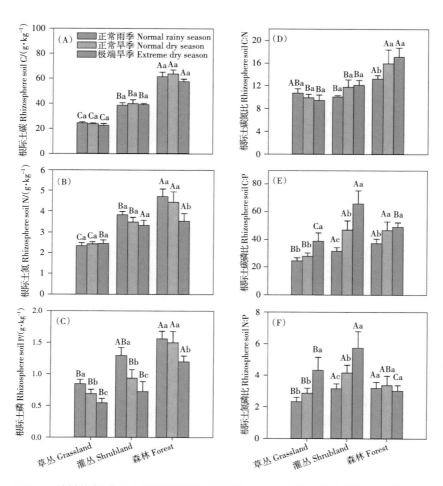

图6-1 植被恢复过程中季节性干旱对根际土C、N、P含量及其化学计量比的影响

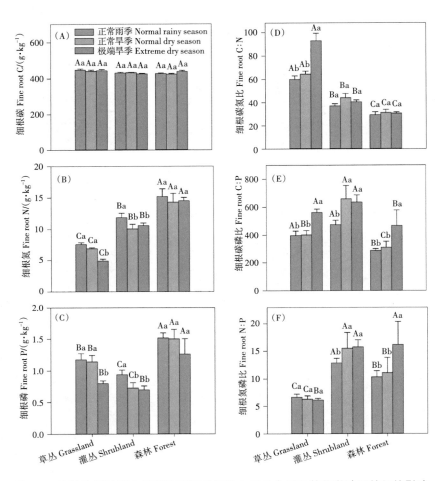

图6-2 植被恢复过程中季节性干旱对细根C、N、P含量及其化学计量特征的影响